四川省工程建设地方标准

四川省建筑施工承插型钢管支模架
安全技术规程

Technical Code for Safety of Disk Lock Steel
Tubular Scaffold in Construction in Sichuan Province

DBJ51/T046 – 2015

主编单位：中国华西企业股份有限公司
　　　　　成都市建设工程施工安全监督站
批准部门：四川省住房和城乡建设厅
施行日期：2015 年 12 月 1 日

西南交通大学出版社

2015 成都

图书在版编目（ＣＩＰ）数据

四川省建筑施工承插型钢管支模架安全技术规程 /
中国华西企业股份有限公司，成都市建设工程施工安全监
督站主编. 一成都：西南交通大学出版社，2015.11（2017.1重印）
（四川省工程建设地方标准）
ISBN 978-7-5643-4378-1

Ⅰ. ①四… Ⅱ. ①中… ②成… Ⅲ. ①建筑工程－工
程施工－安全规程－四川省 Ⅳ. ①TU74-65

中国版本图书馆 CIP 数据核字（2015）第 261770 号

四川省工程建设地方标准

四川省建筑施工承插型钢管支模架安全技术规程

主编单位　中国华西企业股份有限公司

成都市建设工程施工安全监督站

责 任 编 辑	姜锡伟
封 面 设 计	原谋书装
出 版 发 行	西南交通大学出版社 （四川省成都市二环路北一段 111 号 西南交通大学创新大厦 21 楼）
发行部电话	028-87600564　028-87600533
邮 政 编 码	610031
网 址	http://www.xnjdcbs.com
印 刷	成都蜀通印务有限责任公司
成 品 尺 寸	140 mm × 203 mm
印 张	3.5
字 数	87 千
版 次	2015 年 11 月第 1 版
印 次	2017 年 1 月第 2 次
书 号	ISBN 978-7-5643-4378-1
定 价	30.00 元

关于发布四川省工程建设地方标准

《四川省建筑施工承插型钢管支模架安全技术

规程》的通知

川建标发〔2015〕566 号

各市（州）及扩权试点县住房城乡建设行政主管部门，各有关单位：

由中国华西企业股份有限公司、成都市建设工程施工安全监督站主编的《四川省建筑施工承插型钢管支模架安全技术规程》已经我厅组织专家审查通过，现批准为四川省推荐性工程建设地方标准，编号为：DBJ51/T046 – 2015，自 2015 年 12 月 1 日起在全省实施。

该标准由四川省住房和城乡建设厅负责管理，中国华西企业股份有限公司负责技术内容的解释。

四川省住房和城乡建设厅

2015 年 8 月 5 日

前　言

根据四川省住房和城乡建设厅《四川省工程建设地方标准管理办法》（川建发〔2013〕18号）的要求，规程编制组在进行大量的调查研究和试验的基础上，反复征求社会各方对本规程的意见，总结了工程应用实践经验，参考国内相关规范、规程，经过反复讨论和修改，制定本规程。

本规程共有9个章节和5个附录，主要技术内容是：总则；术语和符号；构配件；结构形式与结构总体布置；荷载；结构设计；构造要求；施工与验收；安全管理与维护。

本规程由四川省住房和城乡建设厅负责管理，中国华西企业股份有限公司负责具体技术内容的解释。执行过程中如有意见或建议请反馈给中国华西企业股份有限公司（地址：四川省成都市解放路二段95号；邮编：610081；电话：028-83332050；邮箱：huaxibaobiao@163.com）。

本规程主编单位：中国华西企业股份有限公司
　　　　　　　　　成都市建设工程施工安全监督站
本规程参编单位：四川省第一建筑工程公司
　　　　　　　　　四川省第三建筑工程公司
　　　　　　　　　四川省第六建筑有限公司

兴民伟业建筑设备有限公司

群力发（北京）科技开发有限公司

成都市第八建筑工程公司

四川省产品质量监督检验检测院

中兴建设有限公司

成都高新区建设工程施工安全监督站

中天建设集团有限公司

西南交通大学

本规程主要起草人： 付修华　赵崇贤　王其贵

罗　骥　薛　庆　雷洪波

梁　进　何江宏　樊钊甫

陈云英　黄云德　徐　炜

王　础　宗　强　卢　伟

闫贺东　白连军　何长义

王新文　王俊普

本规程主要审查人： 余　安　孙跃红　刘　刚

杨　洪　淡　浩　王庆明

李永鹏

6

目　次

Contents

1 总　则

1.0.1 为在承插型钢管支模架的设计、施工与验收中贯彻国家现行安全生产的法律、法规和四川省有关安全生产的地方性法规，确保施工人员安全，做到技术先进、经济合理、安全适用，制定本规程。

1.0.2 本规程适用于四川省房屋建筑工程施工中，进行 8 m 以下模板工程施工时，采用承插型钢管搭设的支模架的设计、施工、验收和使用。

1.0.3 承插型钢管支模架施工前，应按本规程的规定对其结构、构配件与立杆地基基础承载力进行设计计算，并应根据本规程规定编制专项施工方案及进行方案技术交底。

1.0.4 承插型钢管支模架的设计、施工、验收和使用除应符合本规程外，尚应符合国家现行有关标准的规定。

2 术语和符号

2.1 术 语

2.1.1 承插型钢管支模架 socket steel pipe formwork

立杆采用连接套管承插连接，水平杆采用杆端焊接承插头插入立杆承插座。一种是水平和竖向剪刀撑采用钢管及扣件与立杆或水平杆固定组合形成的框架式模板支架，一种是立杆、水平杆、水平和竖向斜杆组合形成的桁架式模板支架。

2.1.2 立杆 upright tube

钢管上焊接承插座或同时焊接连接套管的竖向支撑杆件。

2.1.3 立杆连接套管 connect collar of upright tube

焊接于立杆一端，用于立杆竖向接长的专用外套管。

2.1.4 立杆间距 spacing interval between standing tubes

同一水平杆步距内相邻立杆的水平距离，分为立杆纵向间距和立杆横向间距。

2.1.5 水平杆 ledger

两端焊有承插头，用于与立杆连接的水平杆件。

2.1.6 斜杆 diagonal brace

可与立杆上的承插座连接，用以提高支架结构稳定性的斜向杆件，分为竖向斜杆和水平斜杆两类。

2.1.7 步距 lift height

上下水平杆轴线间的距离。

2.1.8 模板支架支撑高度 height of formwork support

模板支架基础底面至可调托座支撑点的垂直距离。

2.1.9 承插座 disk plate

焊接于立杆上可连接水平4个方向或多个方向承插头的环形支座。

2.1.10 承插头 adapter plug

焊接于水平杆两端,用于与立杆上的承插座连接的插头。

2.1.11 承插节点 socket joints point

支架立杆承插座与水平杆承插头的连接部位。

2.1.12 可调U形顶托 adjustable U type jacking

安装在立杆顶端可调节高度的U形托撑。

2.1.13 垫板 base plate

设于立杆底部下的支承板。

2.1.14 框架式支撑结构 frame support structure

由立杆与水平杆等构配件组成,节点具有一定转动刚度的支撑结构,包括无剪刀撑框架式支撑结构和有剪刀撑框架式支撑结构。

2.1.15 节点转动刚度 rotational stiffness of joint

支撑结构中的立杆与水平杆连接节点发生单位转角（弧度制）所需弯矩值。

2.1.16 单元框架 frame unit

由纵向和横向的竖向剪刀撑围成的矩形单元结构。

2.1.17 剪刀撑 diagonal bracing

模板支架中竖向或水平成对设置的交叉斜杆，沿模板支架竖向设置的称为竖向剪刀撑，沿模板支架水平设置的称为水平剪刀撑。

2.1.18 单元桁架 truss unit

由 4 根立杆、水平杆及竖向斜杆等组成的几何稳定的矩形单元结构。

2.1.19 桁架式支模架 truss type formwork support

单元桁架间通过联系杆组成的用于支撑模板的架体。

2.2 符　号

2.2.1 荷载和荷载效应

g_k——支撑架结构自重标准值与迎风面积的比值；

G_k——模板支撑体系上的永久荷载标准值；

Q_k——模板支撑体系上的可变荷载标准值；

M——弯矩设计值；

M_1——立杆偏心弯矩设计值；

M_w——风荷载引起的立杆弯矩设计值；

M_{Lk}——风荷载直接作用在立杆上引起的立杆局部弯矩标准值；

M_{Tk}——风荷载作用在无剪刀撑的支模架上引起的立杆弯矩标准值；

N——立杆轴力设计值；

N'_E——立杆的欧拉临界力；

N_k——上部结构传至立杆基础顶面的轴向力标准值；

N_{Gk}——永久荷载引起的立杆轴力标准值；

N_{Qk}——可变荷载引起的立杆轴力标准值；

N_{Wk}——风荷载引起的立杆轴力标准值；

p_k——立杆基础底面处的平均压力标准值；

p_{Wk}——风荷载的线荷载标准值；

S_d——荷载效应组合的设计值；

S_{Gk}——按各永久荷载标准值 G_k 计算的荷载效应值；

S_{Qk}——按各可变荷载标准值 Q_k 计算的荷载效应值；

S_{Wk}——按风荷载标准值计算的荷载效应值；

V——剪力设计值；

υ——挠度；

$[\upsilon]$——受弯构件容许挠度；

τ——剪应力；

w_k——风荷载标准值；

w_0——基本风压。

2.2.2 材料设计参数

C——构件或结构达到正常使用要求的变形规定限值；

E——材料的弹性模量；

f——构件的抗压强度设计值；

f_{ak}——地基承载力特征值；

f_v——木材顺纹抗剪强度设计值；

R_d——结构构件抗力设计值。

2.2.3 几何参数

A——杆件截面面积；

A_g——立杆基础底面面积；

a——木垫板宽度；

B——支模架横向宽度；

b——主次楞梁的截面宽度；

b_1——沿木垫板铺设方向相邻立杆间距；

H——支模架高度；

h——支模架水平杆的步距；

I——构件的截面惯性矩；

I_1——水平杆的截面惯性矩；

I_2——立杆的截面惯性矩；

i——杆件截面回转半径；

k——节点转动刚度值；

l_0——立杆计算长度；

l_a——立杆纵向间距；

l_b——立杆横向间距；

l_x——立杆的 x 向间距（mm）；

l_y——立杆的 y 向间距；

l_{max}——立杆纵向间距 l_a、横向间距 l_b 中的较大值；

n_a——剪刀撑单元框架的纵向跨数；

n_b——支模架立杆横向跨距；

n_z——立杆步数；

S_0——构件的截面面积矩；

W——杆件截面模量；

α——α_1、α_2 中的较大值；

α_1——扫地杆高度 l_1 与步距 h 之比；

α_2——悬臂长度 l_2 与步距 h 之比 ；

λ——立杆长细比。

2.2.4 计算系数

K——框架式支撑结构的刚度比；

m_f——地基土承载力修正系数；

μ_z——风压高度变化系数；

μ_s——风荷载体型系数；

γ_G——永久荷载分项系数；

7

γ_Q——可变荷载分项系数；

γ_0——结构重要性系数；

φ_Q——可变荷载组合值系数；

φ——轴心受压构件的稳定系数；

μ——立杆计算长度系数；

β_a——计算长度的扫地杆高度与悬臂长度修正系数；

β_H——计算长度的高度修正系数；

φ'——加密区立杆稳定性系数。

3 构配件

3.1 构配件的构造形式

3.1.1 承插节点由立杆、焊接于立杆上的承插座、水平杆端承插头及其他配件组成。

3.1.2 立杆承插座可为连接水平 4 个方向或多个方向的承插头的环形结构,设置在沿立杆长度方向上的间距宜采用 0.3 m、0.5 m 两种模数。

3.1.3 水平杆长度宜采用 0.3 m 模数。

3.1.4 立杆长度宜采用 0.3 m、0.5 m 两种模数。

3.1.5 水平杆端承插头应焊接于水平杆的两端。水平杆端承插头应与承插座匹配,水平杆端承插头表面形状应与立杆承插座的表面形状吻合。

3.1.6 有锁止插销的承插连接应保证水平杆端承插头插入到位后具有可靠防滑脱构造措施。无锁止插销的承插连接应保证水平杆端承插头插入到位后具有一定的自锁抗拔脱能力,抗拔力不得小于 3.0 kN。

3.1.7 上下立杆之间的连接应采用连接套管,按图 3.1.7 进行连接。

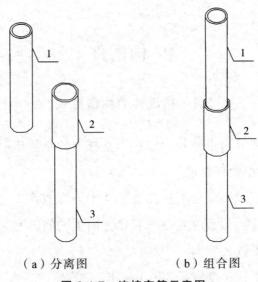

（a）分离图 （b）组合图

图 3.1.7 连接套管示意图

1—上立杆；2—连接套筒；3—下立杆

3.1.8 模板支架立杆顶层的高度调节应采用可调 U 形顶托。

3.2 主要构配件的材质要求和制作质量要求

3.2.1 承插型钢管支模架构配件的材质要求应符合表 3.2.1 的规定。

表 3.2.1 主要构配件材质

立杆	水平杆	承插座	承插头	立杆 连接套管	可调 U 形顶托
Q235	Q235	Q345 或 ZG270-500	ZG270-500	ZG230-450 或 20 号无缝 钢管	Q235 或 ZG270-500

3.2.2 立杆承插座宜采用钢板热冲压整体成型，其钢板应符合现行国家标准《低合金高强度结构钢》GB/T 1591 中 Q345级钢的要求。承插座采用铸钢制造时，其机械性能应符合现行国家标准《一般工程用铸造碳钢件》GB/T 11352 中 ZG 270-500的规定。

3.2.3 钢板热冲压制作的承插座的厚度 t 不小于 10 mm，承插座的宽度 a 最薄处不得小于 10 mm，允许尺寸偏差 ±0.5 mm；铸钢制作的承插座与立杆焊接固定，中心与立杆轴心的同轴度允许偏差 ±0.3 mm，抗剪承载力不应小于 60 kN。

3.2.4 立杆钢管规格不应小于 ϕ 48.3 mm × 3.6 mm，水平杆钢管规格不应小于 ϕ 48.3 mm × 3.0 mm。立杆、水平杆应符合现行国家标准《直缝电焊钢管》GB/T 13793、《低压流体输送用焊接钢管》GB/T 3091 中的 Q235 级普通钢管的要求，其材质性能应符合现行国家标准《碳素结构钢》GB/T 700 的规定。钢管壁厚 t 允许偏差为 ±10%t，长度允许偏差为 ±0.5 mm，钢管外径允许偏差为 ±0.5 mm。

3.2.5 水平杆端承插头应采用铸钢制造，其机械性能应符合现行国家标准《一般工程用铸造碳钢件》GB 11352 中 ZG270-500 的规定。有锁止插销机构的承插头板材厚度不小于10 mm，承插头的楔形长度不得小于 50 mm，水平杆承插头长度不应小于 100 mm，下伸的长度不应小于 40 mm，侧面应与立杆钢管外表面形成良好的弧面接触。无锁止插销机构的承插头与承插座锤击揿紧后，插入深度不应小于插座深度的 3/4，且应设置便于目视检查揿入深度的刻痕或颜色标记。

3.2.6 上下立杆之间的连接套管宜采用 20 号无缝钢管，其材质性能应符合现行国家标准《结构用无缝钢管》GB/T 8162 的规定。其壁厚不应小于 3.2 mm，外径宜为 57 mm，长度不应小于 160 mm，可插入长度不应小于 110 mm，套管内径与立杆钢管外径间隙不应大于 2 mm。

3.2.7 可调 U 形顶托的螺杆外径不应小于 36 mm，调节螺母与可调螺杆啮合不得少于 5 扣，螺母厚度应不小于 30 mm。U 形托座宜采用 Q235 钢板制作，厚度不应小于 5 mm，承力面钢板应与螺杆环焊，托座下应设置加劲板；可调 U 形托座两侧应设置开口挡板，挡板高度不应小于 40 mm。可调 U 形托座受压承载力设计值不应小于 40 kN。

3.2.8 搭设剪刀撑、拉结等采用的钢管、扣件等构配件应符合现行行业标准《建筑施工扣件式钢管脚手架安全技术规范》JGJ 130 中的有关规定。

3.2.9 主要构配件制作质量及形位公差要求宜符合附录 A 表 A 的要求。

3.3 其他要求

3.3.1 杆件焊接制作应在专用工艺装备上进行，焊接宜采用

12

CO_2 气体保护焊，各焊接部位应牢固可靠。焊丝宜采用符合国家标准《气体保护电弧焊用碳钢、低合金钢焊丝》GB/T 8110 中气体保护焊用碳素钢、低合金钢焊丝的要求，有效焊缝高度不应小于 3.5 mm。

3.3.2 构配件外观质量应符合下列要求。

1 钢管应无裂纹、凹陷、锈蚀等缺陷，不得采用接长钢管。

2 钢管应平直，直线度允许偏差为管长的 1/500，两端面应平整，不得有斜口、毛刺。

3 铸件表面应光整，不得有砂眼、缩孔、裂纹、浇冒口残余等缺陷，表面粘砂应清除干净。

4 冲压件不得有毛刺、裂纹、氧化皮等缺陷。

5 各焊缝应饱满，焊药清除干净，不得有未焊透、夹砂、咬肉、裂纹等缺陷。

6 架体杆件及构配件表面应镀锌或涂刷防锈漆，涂层应均匀、牢固。

7 主要构配件上的生产厂标识应清晰。

3.3.3 主要构配件应具有出厂合格证。

4 结构形式与结构总体布置

4.1 结构形式

4.1.1 承插型钢管支模架架体结构形式可分为由立杆基础、立杆、水平杆（包括扫地杆、中部水平杆、顶层水平杆）、剪刀撑、可调 U 形顶托以及承插型节点等组合而成的框架式支模架和由立杆基础、立杆、水平杆（包括扫地杆、中部水平杆、顶层水平杆）、斜杆、可调 U 形顶托以及承插型节点等组合而成的桁架式支模架，构件的组成如图 4.1.1 所示。

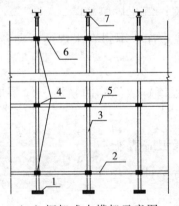

（a）框架式支模架示意图　　　（b）桁架式支模架示意图

图 4.1.1　支模架架体结构示意图

1—立杆基础；2—扫地杆；3—立杆；4—承插节点；
5—中部水平杆；6—顶层水平杆；
7—可调 U 形顶托；8—斜杆

4.1.2 架体应为独立的受力结构,除与既有建筑结构拉结外,严禁与脚手架、防护设施、施工机械等临时结构相连。

4.2 架体结构布置

4.2.1 架体结构布置时,应结合承插型钢管支模架承受的荷载和构件本身的特点,合理选择立杆间距和水平杆的步距。

4.2.2 当架体承受竖向荷载作用时,架体结构布置应保证立杆处于轴心受压状态;如立杆在水平荷载作用下偏心受压,应按偏心受压方式校核立杆承载能力。

4.2.3 支模架的水平杆或立杆当采用承插型钢管支模架的水平杆或立杆无法满足要求时,可采用扣件式钢管支模架进行补充,并与承插型支模架进行可靠连接。

4.2.4 同层的支模架宜连通形成满堂支模架体系。

4.2.5 后浇带位置的支模架应合理布置,待拟浇筑混凝土达到拆模强度后,方能拆除其下部的支模架。

5 荷 载

5.1 荷载分类

5.1.1 作用于支模架上的荷载可分为永久荷载与可变荷载。

5.1.2 永久荷载应包含下列内容：

1 模板体系自重 G_1：可调 U 形顶托以上的模板面板、连接件、紧固件、支撑主楞及次楞或钢桁架等的自重。

2 架体构件的自重 G_2：包括立杆、接长套管、纵向及横向水平杆（含端部承插头）、水平向及竖向剪刀撑、立杆承插座、可调 U 形顶托等自重。

3 新浇筑混凝土（含钢筋）的自重 G_3：包括素混凝土以及钢筋自重。普通混凝土可采用 24 kN/m^3，其他混凝土可根据实际重力密度计算；一般梁板结构每立方米钢筋混凝土的钢筋自重标准值：楼板可取 1.1 kN；梁可取 1.5 kN。

5.1.3 可变荷载应包含下列内容：

1 施工荷载 Q_1：施工人员、材料及施工设备荷载，振捣或倾倒混凝土时产生的荷载。

2 泵送混凝土或不均匀堆载等因素产生的附加水平荷载 Q_2。

3 风荷载 Q_3。

5.2 荷载标准值

5.2.1 永久荷载标准值 G_k 的取值应符合下列规定：

1 模板体系自重标准值 G_1 应根据混凝土结构模板设计图纸确定。对肋梁楼盖及无梁楼板的模板自重标准值（含模板紧固件及主次楞）可按表 5.2.1 的规定取值。

表 5.2.1 楼盖模板自重标准值 (kN/m²)

模板构件名称	木模板	定型钢模板
平板的模板及小梁	0.30	0.50
楼板模板 （其中包括梁的模板）	0.50	0.75

注：1 除钢、木外，其他材质模板重量按实际计算；
    2 梁模板自重标准值按展开面积计算。

2 架体构件的自重标准值 G_2 应按实际情况计算。

3 新浇筑混凝土（含钢筋）自重标准值 G_3 应按钢筋混凝土结构理论重量计算。对普通梁钢筋混凝土可采用重力密度 25.5 kN/m³，对普通板钢筋混凝土采用重力密度 25.1 kN/m³，对特殊钢筋混凝土结构应根据实际情况确定。

5.2.2 可变荷载标准值 Q_k 的取值应符合下列规定：

1 施工荷载标准值 Q_1 可按实际情况计算，一般情况下不应小于 2.5 kN/m²。

2 考虑施工中振动和泵送混凝土冲击或不均匀堆载等未预见因素产生的水平荷载的标准值 Q_2 可取模板上混凝土和钢

筋重量的 2%作为标准值，并作用在模板支架上端水平方向。

3 作用在模板支架上的风荷载标准值 Q_3 应按下式计算：

$$Q_3 = w_k = \mu_z \mu_s w_0 \qquad (5.2.2)$$

式中：w_k——风荷载标准值（N/mm²）；

μ_z——风压高度变化系数，应按照本规程附录 B 表 B 的规定采用；

μ_s——风荷载体型系数，按本规程第 5.2.3 条的规定采用；

w_0——基本风压（N/mm²），应按《建筑结构荷载规范》 GB 50009 的规定采用，取重现期 $n = 10$ 对应的风压值。

5.2.3 风荷载体型系数 μ_s 的取值应符合下列规定：

1 悬挂密目式安全立网的模板支撑架体型系数应按下式计算：

$$\mu_s = 1.3\varphi_0 \qquad (5.2.3)$$

式中：φ_0——密目式安全网挡风系数，取 0.8。

2 无遮拦承插型钢管支模架的体型系数，应将架体视为空间多排平行桁架结构，按现行国家标准《建筑结构荷载规范》 GB 50009 的规定计算。

3 模板支撑架应分别进行纵横两个方向的风荷载计算，

架体部分和上部模板部分应按照两个独立的迎风面进行计算，模板部分风荷载水平垂直地作用在迎风面积的形心，支撑架部分的风荷载水平垂直地作用在迎风面杆件节点处。

5.3　荷载设计值

5.3.1　计算模板及支架结构或构件的强度、稳定性和连接强度时，应采用荷载组合的效应设计值。

5.3.2　计算正常使用极限状态的变形时，应采用荷载标准值。

5.3.3　荷载分项系数应按表 5.3.3 采用。

表 5.3.3　荷载分项系数

序号	验算项目		荷载分项系数	
			永久荷载 γ_G	可变荷载 γ_Q
1	强度与稳定性验算	永久荷载效应控制	1.35	1.4
		可变荷载效应控制	1.2	1.4
2	抗倾覆验算	倾覆	1.35	1.4
		抗倾覆	0.9	—
3	变形验算		1.0	1.0

注：对于标准值大于 4 kN/m² 的可变荷载，分项系数应取 1.3。

5.3.4　钢面板及支架作用荷载设计值可乘以系数 0.95 进行折减。当采用冷弯薄壁型钢时，其荷载设计值不应折减。

5.4 荷载效应组合

5.4.1 按极限状态设计时，其荷载组合必须符合下列规定：

对于承载能力极限状态，应按荷载效应的基本组合采用，并应采用下列设计表达式进行模板设计：

$$\gamma_0 S_d \leqslant R_d \qquad (5.4.1\text{-}1)$$

式中：γ_0——结构重要性系数，取 0.9；

S_d——荷载效应组合的设计值；

R_d——结构构件抗力设计值。

对于基本组合，荷载效应组合的设计值 S_d 应由下列组合的最不利值确定。

1 由可变荷载效应控制的组合：

$$S_d = \gamma_G \sum_{i=1}^{n} G_{ik} + \gamma_{Q1} Q_{1k} \qquad (5.4.1\text{-}2)$$

$$S_d = \gamma_G \sum_{i=1}^{n} G_{ik} + 0.9 \sum_{i=1}^{n} \gamma_{Qi} Q_{ik} \qquad (5.4.1\text{-}3)$$

式中：γ_G——永久荷载分项系数，应按本规程表 5.3.3 采用；

γ_{Qi}——第 i 个可变荷载的分项系数，应按本规程表 5.3.3 采用；

G_{ik}——按各永久荷载标准值 G_k 计算的荷载效应值；

Q_{ik}——按各可变荷载标准值 Q_k 计算的荷载效应值，其

中 Q_{1k} 为诸可变荷载效应中起控制作用者。

2 由永久荷载效应控制的组合：

$$S_d = \gamma_G \sum_{i=1}^n G_{ik} + \sum_{i=1}^n \gamma_{Qi} \psi_{Qi} Q_{ik} \qquad (5.4.1\text{-}4)$$

式中：ψ_{Qi}——可变荷载 Q_{ik} 的组合值系数，当按本规程中规定的各可变荷载采用时，其组合值系数可为 0.9。

注：1 基本组合中的设计值仅适用于荷载与荷载效应为线性的情况。

2 当对 Q_{1k} 无明显判断时，轮次以各可变荷载效应为 Q_{1k}，选其中最不利的荷载效应组合。

3 当考虑以竖向的永久荷载效应控制的组合时，参与组合的可变荷载仅限于竖向荷载。

5.4.2 进行支模架结构设计计算时，应将使用过程可能出现的最不利的荷载效应按表 5.4.2 进行组合。

表 5.4.2 荷载效应组合

计算项目		参与荷载项	
		承载能力验算	变形验算
1	模板、主次楞梁	$G_1 + G_3 + Q_1$	$G_1 + G_3$
2	支架立杆稳定性	$G_1 + G_2 + G_3 + Q_1(+Q_3)$	$G_1 + G_2 + G_3$
3	抗倾覆 倾覆	$Q_2(+Q_3)$	—
4	抗倾覆	$G_1 + G_2(+G_3)$	—
5	地基承载力	$G_1 + G_2 + G_3 + Q_1(+Q_3)$	—

注："（ ）"内的荷载应根据支模架所处环境选取。

5.4.3 对于正常使用极限状态，应采用荷载标准组合，并应采用下列设计表达式进行支模架设计：

$$S_d \leqslant C \qquad (5.4.3)$$

式中：C——构件或结构达到正常使用要求的变形规定限值。

5.4.4 荷载标准组合的效应设计值应按下式进行计算：

$$S_d = \sum_{i=1}^{n} G_{ik} \qquad (5.4.4)$$

6 结构设计

6.1 一般规定

6.1.1 支模架应根据拟施工混凝土结构的形式、构件形状和尺寸、浇筑高度、楼层高度、构件跨度、荷载大小、基础承载力、施工工艺、施工顺序、施工设备和材料等条件进行设计。

6.1.2 支模架应具有足够的承载力、刚度和稳定性，应能可靠地承受新浇混凝土结构的自重和施工过程中所受到的各类荷载。

6.1.3 支模架结构设计应依据现行国家标准《建筑结构可靠度设计统一标准》GB 50068、《建筑结构荷载规范》GB 50009、《钢结构设计规范》GB 50017、《冷弯薄壁型钢结构技术规范》GB 50018 的规定，采用极限状态设计方法，以分项系数设计表达式进行计算。

6.1.4 支模架结构设计和计算应包括下列内容：

    1 根据拟浇筑混凝土构件的平面布置和构件形状、尺寸，绘制模板支撑架立杆、剪刀撑平面布置图。

    2 绘制拟浇筑混凝土构件以及模板支撑架立杆、水平杆、剪刀撑等杆件的纵横向剖面图，剖面图中应注明立杆接长情况、水平杆步距、立杆顶部悬臂外伸自由段长度、立杆间距等。

3 确定各种作用荷载的标准值及荷载效应组合。

4 模板及主、次楞梁等构件的强度与挠度验算。

5 架体强度及稳定性计算。

6 架体抗倾覆验算。

7 基础承载力验算。

6.1.5 支模架立杆地基基础（含楼面）的承载力应能承受拟施工混凝土在浇筑过程中所产生的所有荷载作用，其沉降和变形应满足拟浇筑混凝土结构的变形要求。如遇松软土、回填土时必须夯实，满足承载力和沉降要求，并采取有效的防水、排水措施，必要时进行硬化处理。

6.1.6 支模架结构构件的长细比应符合下列规定：

1 受压构件的长细比不应大于 180。

2 受拉杆及剪刀撑杆件的长细比不应大于 250。

6.1.7 支模架立杆仅受由可调 U 形顶托传递的竖向荷载作用时，应按轴心受压杆件计算；受到风荷载或其他水平荷载作用时，应按压弯杆件计算。

6.1.8 当支模架四周为全封闭密目式安全网脚手架时，可不考虑风荷载对支模架的影响；当支模架四周全高为敞开式状况时，应考虑风荷载对支模架的影响。

6.1.9 钢材的强度设计值、弹性模量、立杆承插接头、可调 U 形顶托、普通钢管扣件的承载力设计值应按实际情况选取，可按附录 C 表 C.0.1 执行。

6.1.10 在验算支模架构件的强度和稳定性时,应按构件的实际尺寸选取计算参数,可按附录 C 表 C.0.2 执行。

6.1.11 未按照单元桁架构造要求设置斜杆的支模架应采用半刚性节点连接的无剪刀撑或有剪刀撑框架式支撑结构计算模型,其节点转动刚度值 *k* 应经试验确定,且不应小于 20 kN·m/rad。按照单元桁架构造要求设置了斜杆的支模架应采用桁架式支撑结构计算模型进行验算。

6.2 模板及主、次楞梁设计计算

6.2.1 模板与支撑模板的主、次楞梁应进行强度验算与挠度验算。模板宜按三跨连续梁计算,当楞梁连续跨数超过三跨时宜按三跨连续梁计算;当楞梁连续跨数小于三跨时,应按实际跨数进行计算。

6.2.2 模板及主、次楞梁的抗弯强度验算应符合现行行业标准《建筑施工模板安全技术规范》JGJ 162 的规定,按式 6.2.2 进行计算。

$$\sigma = \frac{M}{W} \leqslant f \qquad (6.2.2)$$

式中:*M*——模板及主、次楞梁的弯矩设计值(N·m);

W——模板与楞梁的截面模量(mm³);

f——模板与楞梁的抗弯强度设计值(N/mm²)。

6.2.3 支撑模板的主、次楞梁应符合现行行业标准《建筑施工模板安全技术规范》JGJ 162 的规定，按式 6.2.3 进行抗剪强度验算。

$$\tau = \frac{F_s}{A_s} \leqslant f_v \qquad (6.2.3)$$

式中：τ——构件在荷载作用下产生的剪应力（N/mm²）

　　　　F_s——主、次楞梁的剪力设计值（N）；

　　　　A_s——受剪构件截面面积（mm²）；

　　　　f_v——受剪构件材料的抗剪强度设计值（N/mm²）。

6.2.4 模板及主、次楞梁的挠度验算应符合现行行业标准《建筑施工模板安全技术规范》JGJ 162 的规定，按式 6.2.4 进行验算。

$$v \leqslant [v] \qquad (6.2.4)$$

式中：v——挠度（mm）；

　　　　$[v]$——受弯构件容许挠度（mm）。

6.2.5 当验算模板及其支架的刚度时，其最大变形值不得超过下列容许值：

1 对结构表面外露的模板，为模板构件计算跨度的 1/400。

2 对结构表面隐蔽的模板，为模板构件计算跨度的 1/250。

6.3 架体强度及稳定性验算

6.3.1 支模架的立杆稳定性计算应按下列公式进行:

1 不组合风荷载作用时,应按下式进行立杆稳定性计算。

$$\frac{N}{\varphi A} \leqslant f \qquad\qquad (6.3.1\text{-}1)$$

2 组合风荷载作用时,应按下式进行立杆稳定性计算。

$$\frac{N}{\varphi A} + \frac{M}{W\left(1-1.1\varphi\dfrac{N}{N'_E}\right)} \leqslant f \qquad\qquad (6.3.2\text{-}2)$$

式中:N——立杆轴力设计值,应按本规程第 6.3.3 条计算;

φ——轴心受压构件的稳定系数,应根据计算长细比λ按本规程附录 D 表 D.0.1 或表 D.0.2 取值;

A——杆件截面面积(mm^2);

f——钢材的抗压强度设计值(N/mm^2);

M——立杆弯矩设计值($N \cdot mm$),应按本规程第 6.3.4 条计算;

W——杆件截面模量(mm^3);

N'_E——立杆的欧拉临界力(N),$N'_E = \dfrac{\pi^2 EA}{\lambda^2}$;

λ——立杆长细比,$\lambda = \dfrac{l_0}{i}$;

l_0——立杆计算长度(mm),应按本规程第 6.3.7、6.3.8、

6.3.9 条计算；

i——杆件截面回转半径（mm）；

E——钢材弹性模量（N/mm²）。

6.3.2 桁架式支模架应对单元桁架进行稳定性验算，并应符合下列规定：

1 单元桁架的局部稳定性应按本规程公式（6.3.1-1）或公式（6.3.2-2）进行立杆稳定性验算。

2 单元桁架的整体稳定性应按本规程第 6.3.11 条进行计算。符合下列情况之一时，可不进行单元桁架的整体稳定性验算：

1）支模架通过连墙件与既有结构做可靠连接时。

2）当支模架的单元桁架按照梅花形布置时。

6.3.3 立杆轴力设计值应按下列公式计算，并应取较大值：

1 不组合风荷载时：

$$N = \gamma_G N_{Gk} + \gamma_Q N_{Qk} \qquad (6.3.3\text{-}1)$$

2 组合风荷载时：

$$N = \gamma_G N_{Gk} + \psi_Q \gamma_Q (N_{Qk} + N_{wk}) \qquad (6.3.3\text{-}2)$$

式中：N_{Gk}——永久荷载引起的立杆轴力标准值；

N_{Qk}——施工荷载引起的立杆轴力标准值；

N_{wk}——风荷载引起的立杆轴力标准值，应按本规程第

6.3.5 条计算；

γ_G——永久荷载分项系数；

γ_Q——可变荷载分项系数；

ψ_G——可变荷载组合值系数，取 0.9。

6.3.4 风荷载作用在支模架结构上引起的立杆轴力标准值应按下列公式进行计算：

1 无剪刀撑的框架式支模架结构的立杆轴力标准值为：

$$N_{\text{wk}} = \frac{p_{\text{wk}} H^2}{2B} \qquad (6.3.4\text{-}1)$$

2 如图 6.3.4 所示，有剪刀撑的框架式支模架结构的立杆轴力标准值为：

$$N_{\text{wk}} = \frac{n_{\text{a}} p_{\text{wk}} H^2}{2B} \qquad (6.3.4\text{-}2)$$

3 桁架式支模架的立杆轴力标准值为：

1）单元桁架按矩阵形组合时：

$$N_{\text{wk}} = \frac{p_{\text{wk}} H^2}{B} \qquad (6.3.4\text{-}3)$$

2）单元桁架按梅花形组合时：

$$N_{\text{wk}} = \frac{3 p_{\text{wk}} l_{\text{b}} H^2}{B^2} \qquad (6.3.4\text{-}4)$$

式中：p_{wk}——风荷载的线荷载标准值（N/mm），$p_{\text{wk}} = w_k l_a$；

w_k——H 高度处风荷载标准值（N/mm²），应按本规程

29

5.2.2 条计算；

n_a——单元框架的纵向跨数；

l_a——立杆纵向间距（mm）；

l_b——立杆横向间距（mm）；

H——支模架高度（mm）；

B——支模架横向宽度（mm）；

n_b——支模架立杆横向跨数（mm）。

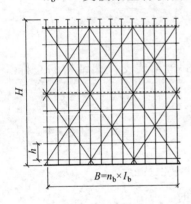 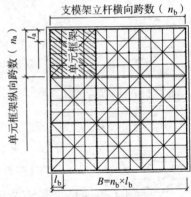

（a）立面示意图　　　　（b）平面结构示意图

图 6.3.4　有剪刀撑支模架结构示意图

6.3.5　风荷载作用在支模架上引起的立杆弯矩设计值应按下列公式进行计算：

$$M_W = \gamma_Q M_{Wk} \qquad (6.3.5\text{-}1)$$

1　有剪刀撑或斜杆的支模架：

$$M_{WK} = M_{Lk} \qquad (6.3.5\text{-}2)$$

30

2 无剪刀撑框架式支模架:

$$M_{Wk} = M_{Lk} + M_{Tk} \qquad (6.3.5\text{-}3)$$

其中:

$$M_{Lk} = \frac{P_{wk} h^2}{10} \qquad (6.3.5\text{-}4)$$

$$M_{Tk} = \frac{p_{wk} hH}{2(n_b + 1)} \qquad (6.3.5\text{-}5)$$

式中: γ_Q ——可变荷载分项系数;

M_{Wk} ——风荷载引起的立杆弯矩标准值 (N·mm);

M_k ——风荷载直接作用在立杆上引起的立杆局部弯矩
标准值 (N·mm);

M_{Tk} ——风荷载作用在无剪刀撑的支模架上引起的立杆
弯矩标准值 (N·mm);

h ——支模架水平杆的步距 (mm)。

6.3.6 当支撑架通过连墙件与既有墙、柱进行了可靠连接后,可不考虑风荷载作用于架体引起的立杆轴力和弯矩;当架体在设置有密目安全网设施的内部时,风荷载引起的立杆轴力较小,可不进行立杆局部稳定性验算。

6.3.7 无剪刀撑框架式支模架的立杆稳定性验算时,立杆计算长度 (l_0) 应按下列公式计算:

$$l_0 = \mu h \qquad (6.3.7)$$

式中：μ——立杆计算长度系数，应按本规程附录 E 表 E.0.1 取值；

h——支模架水平杆的步距（mm）；

6.3.8 有剪刀撑框架式支模架结构进行单元框架稳定性验算时，立杆计算长度（l_0）应按下式计算：

$$l_0 = \beta_H \beta_a \mu h \qquad (6.3.8)$$

式中：μ——立杆计算长度系数，应按本规程附录 E 表 E.0.2 取值；

β_a——计算长度的扫地杆高度与悬臂长度修正系数，应按本规程附录 E 表 E.0.3 取值；

β_H——计算长度的高度修正系数，应按表 6.3.8 取值。

表 6.3.8　单元框架计算长度的高度修正系数 β_H

H	5	8
β_H	1.00	1.07

6.3.9 有剪刀撑框架式支模架和桁架式支模架在进行局部稳定性验算时，立杆计算长度应按下式计算：

$$l_0 = (1 + 2\alpha)h \qquad (6.3.9)$$

式中：α——α_1 和 α_2 中的较大值，其中 α_1 为扫地杆离地高度与步距之比，α_2 为顶部悬臂长度与步距之比。

6.3.10 如图 6.3.10，当框架式支模架对单元框架进行立杆加密时，加密区立杆的稳定系数 φ' 应在未加密时立杆稳定系数 φ 的基础上按以下两种情况进行计算：

1 水平杆步距不加密时，按下式进行计算：

$$\varphi' = 0.8\varphi \qquad (6.3.10-1)$$

2 水平杆步距加密时，按下式进行计算：

$$\varphi' = 1.2\varphi \qquad (6.3.10-2)$$

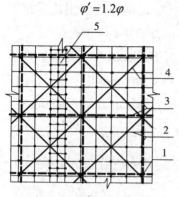

（a）立杆间距单向加密

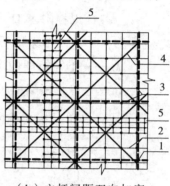

（b）立杆间距双向加密

图 6.3.10　支撑架立杆加密平面图

1—立杆；2—水平杆；3—竖向剪刀撑；4—水平剪刀撑；5—加密区

6.3.11　桁架式支模架中的单元桁架整体稳定性验算应按下列公式进行计算：

　　1　不组合风荷载时：

$$\frac{\bar{N}}{\bar{\varphi}\bar{A}} \leqslant f \qquad (6.3.11-1)$$

　　2　组合风荷载时：

$$\frac{\bar{N}}{\bar{\varphi}\bar{A}} + \frac{\bar{M}}{\bar{W}\left(1-1.1\bar{\varphi}\dfrac{\bar{N}}{\bar{N}'_{\mathrm{E}}}\right)} \leqslant f \qquad (6.3.11-2)$$

其中　　　　　　$\bar{N} = 4N$　　　　　　　　　　（6.3.11-3）

$$\bar{M} = \gamma_{\mathrm{Q}}\frac{2p_{\mathrm{wk}}l_{\mathrm{b}}H^2}{B} \qquad (6.3.11-4)$$

式中：$\bar{N}$——单元桁架的轴力设计值（N）；

$\overline{\varphi}$——单元桁架的稳定系数，应根据等效长细比 $\overline{\lambda}$ 按本规程附录 D 表 D.0.1 或表 D.0.2 取值；

$\overline{A}$——单元桁架的等效截面面积（mm^2），$\overline{A} = 4A$；

$\overline{M}$——单元桁架的弯矩设计值（$N \cdot mm$）；

$\overline{W}$——单元桁架的等效截面模量（mm^3），$\overline{W} = 2Al_{\min}$；

$\overline{N}'_E$——单元桁架的欧拉临界力（N），$\overline{N}'_E = \dfrac{\pi^2 E\overline{A}}{\lambda^2}$；

N——立杆轴力设计值（N），应按本规程公式（6.3.4-1）计算；

$\overline{\lambda}$——单元桁架的等效长细比，$\overline{\lambda} = 2H/2\overline{i}$；

$\overline{i}$——单元桁架的等效回转半径（mm），$\overline{i} = l_{\min}/2$

$l_{\min}$——立杆纵向间距 l_a、横向间距 l_b 中的较小值（mm）。

6.4 抗倾覆验算

6.4.1 符合下列情况之一时，可不进行支模架整体的抗倾覆验算：

1 支模架与既有墙、柱结构有可靠连接时。

2 支模架结构的高度（H）与横向宽度（B）之比小于等于 3 时。

6.4.2 支模架架体抗倾覆验算应按下式进行：

$$\frac{H}{B} \leqslant 0.54 \frac{g_k}{w_k} \tag{6.4.2}$$

式中：g_k——支撑架结构自重标准值与迎风面积的比值（N/mm^2）；

w_k——风荷载标准值（N/mm^2）。

6.5 基础承载力验算

6.5.1 支模架立杆基础下的地基承载力应满足下列要求：

$$p_k = \frac{N_K}{A_g} \leqslant m_f f_{ak} \qquad (6.5.1)$$

式中：p_k——立杆基础底面处的平均压力设计值（MPa）；

N_k——上部结构传至立杆基础顶面的轴向力设计值（N）；

A_g——立杆基础底面积（mm²），不宜超过 0.3 m²；

m_f——立柱垫木地基土承载力修正系数，应按表 6.5.1 采用；

f_{ak}——地基承载力特征值（MPa），应按现行国家标准《建筑地基基础设计规范》GB 50007 的规定，可由载荷试验、其他原位测试、公式计算或按工程地质报告提供的数据采用。

表 6.5.1　地基土承载力修正系数（m_f）

地基土类别	修正系数	
	原状土	分层回填夯实土
碎石土、砂土	0.8	0.4
粉土、黏土	0.9	0.5
岩石、混凝土	1.0	—

注：1　立柱基础应有良好的排水措施，支安垫木前应适当洒水将原土表面夯实夯平。

2　回填土应分层夯实，其各类回填土的干重度应达到所要求的密实度。

3　当地面承载力满足要求时，可直接将其作为支撑架的基础；当承载力不满足要求时，应采取加固措施，可在钢管脚底设垫板或浇筑混凝土垫层，垫层混凝土强度等级不低于 C20，厚度不小于 150 mm。

6.5.2 当立杆支撑于结构构件上时,上下层楼面立杆宜对齐,当上下层楼面立杆不对齐时应按照现行国家标准《混凝土结构设计规范》GB 50010 或《钢结构设计规范》GB 50017 的有关规定对结构构件进行承载力验算。

6.5.3 在夯实整平的原状土或回填土上设置立杆时,其下铺设木垫板厚度不小于 50 mm、宽度不小于 200 mm 的木垫板或木脚手板时,立杆基础底面积可按下式计算:

$$A_g = ab_1 \hspace{5em} (6.5.3)$$

式中:a——木垫板或木脚手板宽度(mm);

b_1——沿木垫板铺设方向相邻立杆间距(mm)。

7 构造要求

7.1 一般规定

7.1.1 支模架的基础应符合下列规定：

1 基础应坚实平整，排水应畅通。

2 立杆支撑在土层地基上时，应在立杆底部设置有可靠强度和支撑面积的垫板。木垫板厚度应不小于 50 mm，宽度应不小于 200 mm，长度应不小于 2 跨。

3 立杆支撑在混凝土或钢结构上时，宜在立杆底部设置垫板。

4 对承载力不能满足要求的基础应进行加固处理。

5 当地基是冻胀性土层时，应采取防冻措施。

6 当地基是膨胀土、软土、粉质泥岩等土层时，应采取防水措施。

7.1.2 支模架应采取防雷接地措施，并符合相关标准的要求。

7.2 架体构件设置要求

7.2.1 高度超过 5 m 的支模架宜从底部采用不同长度立杆交错布置；接头位置不能错开时，应在与立杆接长部位的对接点相邻的承插节点位置设置水平杆。

7.2.2 架体立杆布置应满足以下规定：

1 支模架纵向和横向立杆宜横向成排、纵向成列，并相互连接形成整体。

2 立杆的布置位置和间距应能满足架体承载力要求，宜在梁底沿梁纵向设置承载立杆。

3 立杆间距应满足设计要求，且不应大于 1.2 m。

4 在立杆顶部必须设置可调顶托。

5 当立杆基础顶面有高差时，立杆底部与基础顶面之间应设置垫板进行调整。

7.2.3 支模架立杆的纵、横向之间应采用水平杆连接，水平杆应满足以下要求：

1 在立杆顶端承插型节点处设置一道顶层水平杆，当梁底的顶层水平杆与板底水平杆不在同一高度上时，梁底顶层水平杆应向板底立杆双向延长不少于 1 个跨距并与立杆固定。

2 在立杆的底部承插型节点处设置纵、横水平杆作为扫地杆，扫地杆高度不应超过 300 mm。

3 水平杆步距应满足构造设计要求，且不应大于 1.5 m。

4 水平杆不能作为直接承受支模架顶部施工层荷载的构件。

7.2.4 设置可调 U 形顶托时，应符合以下规定：

1 支模架顶部施工层的荷载应通过可调 U 形顶托传递给立杆。

2 用于支撑模板的主龙骨（主楞）应居中放置在可调 U 形顶托上。

3 可调 U 形顶托伸出顶层水平杆的悬臂长度不应大于 500 mm，如图 7.2.4 所示。

4 可调 U 形顶托螺杆插入立杆内的长度不应小于 150 mm。

5 螺杆外径与立柱钢管内径的间隙不得大于 3 mm，安装时应保证上下同心。

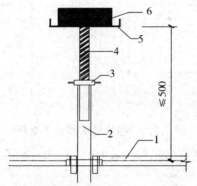

图 7.2.4 立杆与可调 U 形顶托设置位置示意图

1—顶层水平杆；2—立杆；3—调节螺母；4—螺杆；5—托板；6—主龙骨

7.2.5 当有既有结构时，支模架应与既有结构可靠连接，并应符合下列规定：

1 竖向连接的间隔不应超过 2 步，水平方向连接的间隔不宜超过 8 m，宜优先布置在有水平剪刀撑处。

2 如图 7.2.5 所示，当遇柱时，宜采用扣件式钢管抱柱拉结，拉结点应靠近主节点设置，偏离主节点的距离不应大于 300 mm。

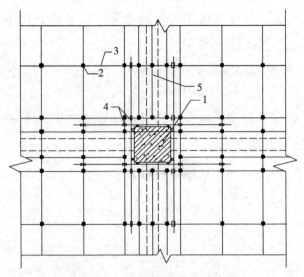

图 7.2.5　抱柱拉结措施示意图

1—结构柱；2—立杆；3—水平杆；4—直角扣件；5—结构梁

7.2.6　在坡道、台阶、凸台、坑槽等部位的支模架，应符合下列规定：

　　1　支模架地基高差变化时，在高处的扫地杆应延伸到低处的水平杆位置，并拉通布置。

　　2　设置在坡面上的立杆底部应有可靠的固定措施。

7.2.7　支模架的高宽比大于 3，且四周无可靠连接时，应选取下列加强措施：

　　1　将架体超出顶部加载区投影范围向外延伸布置 2～3 跨，将下部架体尺寸扩大。

　　2　在支模架上对称设置缆风绳或抛撑。

7.3 剪刀撑、斜杆设置要求

7.3.1 框架式支模架的剪刀撑应采用外径与支模架杆件相同的扣件式钢管进行搭设，在架体纵、横向分别由底至顶设置连续封闭竖向剪刀撑，在竖向剪刀撑的底部和顶部交接点平面内也应分别设置水平剪刀撑。

7.3.2 水平剪刀撑的设置应符合下列规定：

1 当模板支架支撑高度超过 5 m 时，顶层必须设置水平剪刀撑，扫地杆层应设置水平剪刀撑。

2 如图 7.3.2，水平剪刀撑的间隔层数不应大于 6 步，跨数不应超过 6 跨，其跨数按水平杆不加密时确定。

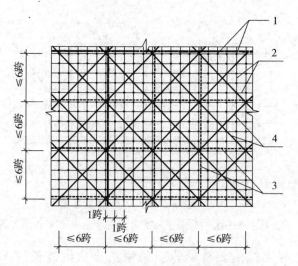

图 7.3.2 架体水平剪刀撑布置示意图

1—立杆；2—水平杆；3—竖向剪刀撑；4—水平剪刀撑

3 水平剪刀撑应采用旋转扣件固定在与之相交的立杆或水平杆上，旋转扣件中心靠近主节点的距离不宜大于 150 mm。

7.3.3 竖向剪刀撑的设置应符合下列规定：

1 高度超过 5 m 的支模架外围应设置连续封闭的竖向剪刀撑。

2 如图 7.3.3，竖向剪刀撑间隔不应大于 6 跨，每个剪刀撑的跨数不应超过 6 跨，其跨数按立杆不加密时确定。

3 竖向剪刀撑杆件的底端应与地面顶紧，分别设置在立杆两侧，倾斜角度应在 45°~60°，应采用旋转扣件每步与立杆或水平杆固定，旋转扣件中心靠近主节点的距离不宜大于 150 mm。

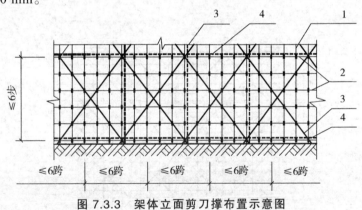

图 7.3.3 架体立面剪刀撑布置示意图

1—立杆；2—水平杆；3—竖向剪刀撑；4—水平剪刀撑

7.3.4 剪刀撑的斜杆接长应采用搭接，搭接长度不应小于 1 m，并应采用不少于 2 个旋转扣件等距离固定，且端部扣件盖板边缘离杆端距离不应小于 100 mm，扣件螺栓的拧紧力矩应在 40 ~ 65 N·m。

7.3.5 桁架式支模架外立面应满布竖向斜杆，顶层和扫地杆层应满布水平斜杆，当架体高度超过 5 m 时，应在架体中间增设一层水平斜杆。

7.4 特殊构造设置要求

7.4.1 当支模架局部承受荷载较大，立杆需要加密时，加密区水平杆应向非加密区延伸不少于 2 跨，如图 7.4.1 所示。非加密区的立杆、水平杆间距应与加密区间距互为倍数，且应先设置加密区杆件，再设置非加密区杆件。

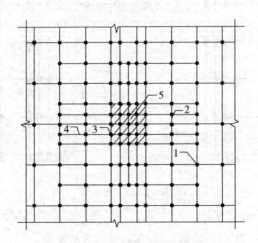

图 7.4.1 立杆加密平面图

1—立杆；2—水平杆；3—加密立杆；4—延伸水平杆；5—立杆加密区

7.4.2 如图 7.4.2 所示,当支模架内设置门洞通道时,应符合下列规定:

1 通道上部应架设转换横梁,横梁应经过设计计算确定。

2 横梁支座下部立杆应加密,并应与架体连接牢固,立杆不应少于 4 排,每排横距不应大于 300 mm。

3 当门洞作为车行通道时,门洞净空、车辆限速以及警示设施、防撞击设施的设置应符合相关标准的规定。

4 转换横梁下部应设置纵横向型钢分配梁作为支座。

5 门洞顶部必须采用硬质材料全封闭。

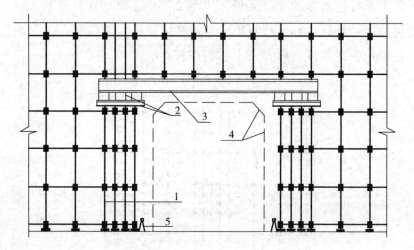

图 7.4.2　门洞设置

1—加密立杆;2—纵横向分配梁;3—转换横梁;

4—门洞净空(仅车行通道有此要求);

5—警示设施及防撞设施(仅用于车行通道)

8 施工与验收

8.1 施工准备

8.1.1 承插型钢管支模架施工前应编制专项施工方案，并经审核批准后方可实施。

8.1.2 承插型钢管支模架搭设前，项目技术负责人应按专项施工方案的要求对现场管理人员和作业人员进行技术和安全作业交底。

8.1.3 对进入施工现场的承插型钢管支模架杆件、构配件质量应在使用前进行检查验收，不合格产品不得使用。

8.1.4 经验收合格的构配件应按品种、规格分类，堆放整齐，并应标挂数量规格铭牌备用。

8.1.5 承插型钢管支模架应在地基基础验收合格后搭设。

8.2 搭设与拆除

8.2.1 承插型钢管支模架搭设应符合下列规定：

    1 承插型钢管支模架立杆搭设位置应按专项施工方案放线确定。

    2 承插型钢管支模架立杆的底座或垫板应准确放置在定位线上，在放置底座或垫板后应先立杆后水平杆再剪刀撑的顺序搭设。

3 水平杆承插头插入立杆的承插座后,采用不小于 0.5 kg 的手锤锤击水平杆端部,使承插头卡紧。

4 每搭完一步支模架后,应及时校正水平杆步距、立杆的纵、横距,立杆的垂直偏差和水平杆的水平偏差。

5 混凝土浇筑前应按规定组织对搭设的承插型钢管支模架进行验收,验收合格后方可浇筑混凝土。

8.2.2 承插型钢管支模架拆除时应符合下列规定:

1 承插型钢管支模架应经审核批准后方可拆除。

2 承插型钢管支模架应在混凝土强度达到设计要求后才能拆除;当设计无具体要求时,同条件养护的混凝土立方体试件抗压强度应符合表 8.2.2 的规定。

表 8.2.2　承插型钢管支模架拆除时混凝土强度要求

构件类型	构件跨度（m）	达到设计混凝土强度等级的百分率（%）
板	≤2	≥50
	>2，≤8	≥75
	>8	≥100
梁	≤8	≥75
	>8	≥100
悬臂构件	—	≥100

3 承插型钢管支模架拆除前应先行清理支模架上的材料、施工机具及其他多余的杂物,应在支撑架周边划出安全区域,设置警示标志,并派专人警戒,严禁非操作人员进入作业范围。

4 拆除作业应按先搭后拆、后搭先拆的原则顺序自上而下逐层拆除，严禁上下两层同时拆除，分段拆除的高度不应大于两层。

5 设有抱柱拉结件的承插型钢管支模架，拉结件必须随支架逐层拆除，严禁先将拉结件全部拆除后再拆除支模架。

6 梁下支模架的拆除，应从跨中开始，对称地向两端拆除；悬臂构件下架体的拆除，应从悬臂端向固定端拆除。

7 拆除的构件应及时分类、指定位置堆放，以便周转使用。

8.3 检查与验收

8.3.1 对承插型钢管支模架构配件的检查与验收应符合以下要求：

1 承插型钢管支模架构配件的外观质量检查按表 8.3.1-1 执行。

表 8.3.1-1 构配件外观质量检查表

序号	项目	要 求	抽查数量	检查方法
1	钢管	表面应平直光滑，不应有裂缝、结疤、分层、错位、硬弯、毛刺、压痕和深的划痕	全数	目测
		外壁使用前应刷防锈漆，内壁宜刷防锈漆	全数	目测
		外径允许偏差 ±0.5 mm，壁厚允许偏差 ±10%	3%	游标卡尺
		外表面的锈蚀深度 ≤0.18 mm	3%	游标卡尺

序号	项目	要求	抽查数量	检查方法
2	承插座承插头	表面应平整，不得有弯曲、裂缝现象	全数	目测
		焊缝应饱满，不得有夹渣、裂缝、开焊现象	全数	目测
3	立杆连接套管	材料同钢管	—	
		焊缝应饱满，不得有夹渣、裂缝、开焊现象	全数	目测
		套管长度、可插入长度允许偏差 ±5 mm	3%	钢卷尺
4	可调托撑	外径允许偏差 ±0.5 mm	3%	游标卡尺
		焊缝应饱满，不得有夹渣、裂缝、开焊现象	全数	目测

2 构配件力学性能应符合表 8.3.1-2 的要求，并由生产厂家负责在构件出厂前进行试验。

表 8.3.1–2 构配件力学性能

序号	构配件名称	检测项目	抽查数量	检测标准
1	钢管	抗拉强度、屈服点、断后延伸长度	750 根为一批，每批抽取 1 根	《低压流体输送用焊接钢管》GB/T 3091
2	承插座	节点焊缝抗剪承载力	2 000 根为一批，每批抽取 3 根	不小于 60 kN
3	承插头	节点焊缝抗剪承载力	2 000 根为一批，每批抽取 3 根	不小于 30 kN

序号	构配件名称	检测项目	抽查数量	检测标准
4	承插节点	抗压承载力	2 000根为一批，每批抽取3根	不小于 10 kN
5	支模架	结构力学性能	每两年不少于一次	《建筑施工脚手架安全技术统一标准》

3 扣件式钢管的配件按现行行业标准《建筑施工扣件式钢管脚手架安全技术规范》JGJ 130进行检查验收。

8.3.2 对支模架的检查与验收应符合以下要求：

1 承插型钢管支模架搭设前，应按表8.3.2-1进行检查验收。

表 8.3.2-1　支模架搭设前检查验收

序号	项目	技术要求	允许偏差（mm）	检验方法
1	地基承载力	满足承载能力要求	—	检查计算书、地质勘察报告
2	平整度	场地应平整	10	水准仪测量
3	排水	有排水措施、不积水	—	观察
4	垫板	应平整、无翘曲，不得采用已开裂垫板	—	观察
		厚度符合要求	±5	钢卷尺量
		宽度	−20	钢卷尺量

2 承插型钢管支模架搭设完成后按表 8.3.2-2 进行检查验收。

表 8.3.2-2　支架搭设完成后检查验收

序号	项　　目		技术要求	允许偏差	检查方法
1	立杆垂直度		—	1.5‰且 ≤30 mm	经纬仪 或吊线
2	水平杆 水平度			3‰	水平尺
3	杆件间距	步距	—	±10	钢卷尺
		纵、横距	—	±5	钢卷尺
4	构造要求		按本规程要求	—	—

　　3　扣件式钢管应按现行行业标准《建筑施工扣件式钢管脚手架安全技术规范》JGJ 130 进行检查验收。

8.3.3　对支模架在使用过程中的检查应符合以下要求：

　　1　基础周边排水有序，无积水，无不均匀沉降。

　　2　支模架应无明显变形，立杆、水平杆及连接件、连墙加固件、可调 U 形顶托、垫板应无松动。

　　3　施工荷载不应超载。

　　4　其他设施或设备不得与支模架相连接。

　　5　安全防护设施应符合专项施工方案及本规程的要求。

8.3.4　承插型钢管支模架的资料应进行下列检查：

　　1　承插型钢管支模架专项方案。

　　2　构配件出厂合格证书、力学性能检验报告。

　　3　构配件进场检验记录。

　　4　承插型钢管支模架安装、使用检查验收记录。

9 安全管理与维护

9.0.1 支撑结构作业层上的施工荷载不得超过设计允许荷载。

9.0.2 支模架在安装或拆除过程中，应符合下列规定：

1 应设有专人监护施工，发现隐患应立即停止作业并立即报告有关人员处理。

2 安拆作业时，应按现行行业标准《建筑施工高处作业安全技术规范》JGJ 80 执行。

3 拆除过程中严禁抛掷作业。

4 架体的外电防护应按现行行业标准《施工现场临时用电安全技术规范》JGJ 46 的有关规定执行。

5 夜间进行支模架安装与拆除作业应有足够的照明。

6 在架体安装或拆除过程中，不应将钢管和配件堆放在外防护架体上。

7 安装或拆除过程中如遇中途停歇，应将杆件有效固定，不得松动、浮搁或悬空，确保架体处在安全状态，如停工时间较长应重新检查后方可继续施工。

8 在支模架上进行电、气焊作业时，必须有防火措施和专人监护。

9.0.3 模板支架使用期间，严禁擅自拆除架体结构杆件，如需拆除必须报请项目技术负责人以及总监理工程师同意，确定防控措施后方可实施。混凝土浇筑过程中，应派专人观测模板支架的工作状态。

9.0.4 严禁在模板支架基础开挖深度影响范围内进行挖掘作业。

9.0.5 支模架的安装与拆除人员作业前必须经过培训，应掌握相应的专业知识和技能。

9.0.6 在大风地区或大风季节施工时，模板应有抗风的临时加固措施。

9.0.7 当遇大雨、大雾、沙尘、大雪或 6 级以上大风等恶劣天气时，应停止露天高处作业。雨、雪停止后，应及时清除模板和地面上的积水及冰雪。

附录 A 主要构配件的制作质量及形位公差要求

表 A 主要构配件制作质量及形位公差要求

构配件名称	检查项目		公称尺寸(mm)或示意图	允许偏差 Δ(mm)	检测量具
立杆	钢管尺寸（mm）	外径 48.3	—	± 0.5	游标卡尺
		壁厚 3.6		± 0.36	
	钢管表面锈蚀深度		—	≤ 0.18	游标卡尺
	杆件长度		—	± 0.5	钢卷尺
	插槽座间距		—	± 0.5	钢卷尺
	杆件直线度		—	L/500	专用量尺
	杆端面对轴线垂直度		—	0.3	角尺
	插槽座与立杆同轴度		—	0.5	专用量尺
	钢管与插槽座环焊缝高度		—	≥ 3.5	焊接检验尺
	钢管与套管环焊缝高度		—	≥ 3.5	焊接检验尺
	端部挠曲			≤ 5	钢板尺
	钢管弯曲			≤ 12.0	钢板尺
水平杆	钢管尺寸（mm）	外径 48.3	—	± 0.5	游标卡尺
		壁厚 3.0		± 0.30	
	钢管表面锈蚀深度		—	≤ 0.18	游标卡尺

构配件名称	检查项目	公称尺寸(mm)或示意图	允许偏差 Δ(mm)	检测量具
水平杆	杆件长度	—	±0.5	钢卷尺
	两端插头平行度	—	≤1.0	专用量尺
	钢管与插头环焊缝焊满度	—	≥3.5	目测
	端部挠曲		≤5.0	钢板尺
	钢管弯曲		≤12.0	钢板尺
可调U形顶托	顶托板厚度	5.0	±0.2	游标卡尺
	螺杆外径	36.0	±2.0	游标卡尺
	顶托板变形		1.0	钢板尺、塞尺

附录 B 风压高度变化系数

表 B 风压高度变化系数

离地面高度(m)	地面粗糙度类别			
	A	B	C	D
5	1.09	1.00	0.65	0.51
10	1.28	1.00	0.65	0.51
15	1.42	1.13	0.65	0.51
20	1.52	1.23	0.74	0.51
30	1.67	1.39	0.88	0.51
40	1.79	1.52	1.00	0.60
50	1.89	1.62	1.10	0.69
60	1.97	1.71	1.20	0.77
70	2.05	1.79	1.28	0.84
80	2.12	1.87	1.36	0.91
90	2.18	1.93	1.43	0.98
100	2.23	2.00	1.50	1.04
150	2.46	2.25	1.79	1.33
200	2.64	2.46	2.03	1.58

注：1 两高度之间的风压高度变化系数按表中数据采用线性插值确定。

2 对于平坦或稍有起伏的地形，风压高度变化系数应根据地面粗糙度类别按本表确定。地面粗糙度可分为 A、B、C、D 四类：
A 类指江河、湖岸地区；
B 类指田野、乡村、丛林、丘陵及房屋比较稀疏的乡镇和城市郊区；
C 类指有密集建筑群的城市市区；
D 类指有密集建筑群且房屋较高的城市市区。

附录 C 材料力学特征及钢管截面特性

表 C.0.1 材料力学性能及承载力

类　　别	设计值
Q235 钢抗拉、抗压和抗弯强度强度（N/mm²）	205.0
Q345 钢抗拉、抗压和抗弯强度强度（N/mm²）	300.0
弹性模量 E（N/mm²）	2.06×10^5
立杆与承插节点焊接（抗滑）（kN）	24.0
水平杆端插头焊接（抗剪）（kN）	20.0
可调 U 型顶托承载力设计值（受压）（kN）	40.0
普通钢管直角扣件、旋转扣件抗滑力（kN）	8.0

表 C.0.2 钢管截面特性

外径 ϕ（mm）	壁厚 t（mm）	截面积 A（mm²）	惯性矩 I（mm⁴）	截面模量 W（mm³）	回转半径 i（mm）
48.3	3.6	506	127 085	5 262	15.9
48.3	3.24	459	117 009	4 845	16.0
48.3	3.0	427	109 996	4 555	16.1
48.3	2.7	387	100 888	4 178	16.2

注：当钢管壁厚不满足表中要求时，应按实际几何尺寸计算确定。

附录 D 支撑架钢管轴心受压稳定系数

表 D.0.1 Q235 级钢管轴心受压构件的稳定系数 φ

λ	0	1	2	3	4	5	6	7	8	9
0	1.000	0.997	0.995	0.992	0.989	0.987	0.984	0.981	0.979	0.976
10	0.974	0.971	0.968	0.966	0.963	0.960	0.958	0.955	0.952	0.949
20	0.947	0.944	0.941	0.938	0.936	0.933	0.930	0.927	0.924	0.921
30	0.918	0.915	0.912	0.909	0.906	0.903	0.899	0.896	0.893	0.889
40	0.886	0.882	0.879	0.875	0.872	0.868	0.864	0.861	0.858	0.855
50	0.852	0.849	0.846	0.843	0.839	0.836	0.832	0.829	0.825	0.822
60	0.818	0.814	0.810	0.806	0.802	0.797	0.793	0.789	0.784	0.779
70	0.775	0.770	0.765	0.760	0.755	0.750	0.744	0.739	0.733	0.728
80	0.722	0.716	0.710	0.704	0.698	0.692	0.686	0.680	0.673	0.667
90	0.661	0.654	0.648	0.641	0.634	0.626	0.618	0.611	0.603	0.595
100	0.588	0.580	0.573	0.566	0.558	0.551	0.544	0.537	0.530	0.523
110	0.516	0.509	0.502	0.496	0.489	0.483	0.476	0.470	0.464	0.458
120	0.452	0.446	0.440	0.434	0.428	0.423	0.417	0.412	0.406	0.401
130	0.396	0.391	0.386	0.381	0.376	0.371	0.367	0.362	0.357	0.353
140	0.349	0.344	0.340	0.336	0.332	0.328	0.324	0.320	0.316	0.312
150	0.308	0.305	0.301	0.298	0.294	0.291	0.287	0.284	0.281	0.277
160	0.274	0.271	0.268	0.265	0.262	0.259	0.256	0.253	0.251	0.248
170	0.245	0.243	0.240	0.237	0.235	0.232	0.230	0.227	0.225	0.223
180	0.220	0.218	0.216	0.214	0.211	0.209	0.207	0.205	0.203	0.201

λ	0	1	2	3	4	5	6	7	8	9
190	0.199	0.197	0.195	0.193	0.191	0.189	0.188	0.186	0.184	0.182
200	0.180	0.179	0.177	0.175	0.174	0.172	0.171	0.169	0.167	0.166
210	0.164	0.163	0.161	0.160	0.159	0.157	0.156	0.154	0.153	0.152
220	0.150	0.149	0.148	0.146	0.145	0.144	0.143	0.141	0.140	0.139
230	0.138	0.137	0.136	0.135	0.133	0.132	0.131	0.130	0.129	0.128
240	0.127	0.126	0.125	0.124	0.123	0.122	0.121	0.120	0.119	0.118
250	0.117	—	—	—	—	—	—	—	—	—

表 D.0.2　Q345 钢管轴心受压构件的稳定系数 φ

λ	0	1	2	3	4	5	6	7	8	9
0	1.000	0.997	0.994	0.991	0.988	0.985	0.982	0.979	0.976	0.973
10	0.971	0.968	0.965	0.962	0.959	0.956	0.952	0.949	0.946	0.943
20	0.940	0.937	0.934	0.930	0.927	0.924	0.920	0.917	0.913	0.909
30	0.906	0.902	0.898	0.894	0.890	0.886	0.882	0.878	0.874	0.870
40	0.867	0.864	0.860	0.857	0.853	0.849	0.845	0.841	0.837	0.833
50	0.829	0.824	0.819	0.815	0.810	0.805	0.800	0.794	0.789	0.783
60	0.777	0.771	0.765	0.759	0.752	0.746	0.739	0.732	0.725	0.718
70	0.710	0.703	0.695	0.688	0.68	0.672	0.664	0.656	0.648	0.64
80	0.632	0.623	0.615	0.607	0.599	0.591	0.583	0.574	0.566	0.558
90	0.55	0.542	0.535	0.527	0.519	0.512	0.504	0.497	0.489	0.482
100	0.475	0.467	0.46	0.452	0.445	0.438	0.431	0.424	0.418	0.411
110	0.405	0.398	0.392	0.386	0.380	0.375	0.369	0.363	0.358	0.352
120	0.347	0.342	0.337	0.332	0.327	0.322	0.318	0.313	0.309	0.304

续表 D.0.2

λ	0	1	2	3	4	5	6	7	8	9
130	0.300	0.296	0.292	0.288	0.284	0.28	0.276	0.272	0.269	0.265
140	0.261	0.258	0.255	0.251	0.248	0.245	0.242	0.238	0.235	0.232
150	0.229	0.227	0.224	0.221	0.218	0.216	0.213	0.21	0.208	0.205
160	0.203	0.201	0.198	0.196	0.194	0.191	0.189	0.187	0.185	0.183
170	0.181	0.179	0.177	0.175	0.173	0.171	0.169	0.167	0.165	0.163
180	0.162	0.16	0.158	0.157	0.155	0.153	0.152	0.150	0.149	0.147
190	0.146	0.144	0.143	0.141	0.140	0.138	0.137	0.136	0.134	0.133
200	0.132	0.130	0.129	0.128	0.127	0.126	0.124	0.123	0.122	0.121
210	0.120	0.119	0.118	0.116	0.115	0.114	0.113	0.112	0.111	0.110
220	0.109	0.108	0.107	0.106	0.106	0.105	0.104	0.103	0.101	0.101
230	0.100	0.099	0.098	0.098	0.097	0.096	0.095	0.094	0.094	0.093
240	0.092	0.091	0.091	0.090	0.089	0.088	0.088	0.087	0.086	0.086
250	0.085	—	—	—	—	—	—	—	—	—

附录 E 支撑结构的计算长度系数

表 E.0.1 无剪刀撑支模架结构的计算长度系数 μ

n_z	α	K							
		0.1	0.2	0.3	0.4	0.5	0.6	0.7	0.8
1	0.4	1.65	1.68	1.73	1.79	1.88	2.00	2.14	2.31
	0.6	1.87	1.91	1.97	2.04	2.13	2.25	2.38	2.54
	0.8	2.06	2.12	2.19	2.27	2.36	2.48	2.61	2.75
	1	2.24	2.30	2.38	2.47	2.57	2.68	2.81	2.96
	2	2.97	3.07	3.18	3.29	3.41	3.54	3.68	3.82
	3	3.55	3.68	3.81	3.95	4.08	4.23	4.38	4.53
	4	4.05	4.20	4.35	4.50	4.66	4.82	4.98	5.14
2	0.4	1.79	1.81	1.83	1.86	1.92	2.02	2.15	2.31
	0.6	2.04	2.06	2.09	2.14	2.20	2.28	2.40	2.54
	0.8	2.26	2.29	2.33	2.37	2.44	2.52	2.63	2.76
	1	2.46	2.49	2.54	2.59	2.66	2.74	2.85	2.97
	2	3.27	3.33	3.39	3.46	3.54	3.63	3.74	3.85
	3	3.91	3.99	4.07	4.15	4.24	4.34	4.45	4.56
	4	4.47	4.55	4.64	4.74	4.84	4.95	5.06	5.18
3	0.4	1.85	1.86	1.88	1.90	1.94	2.02	2.15	2.31
	0.6	2.12	2.13	2.15	2.18	2.23	2.30	2.41	2.55
	0.8	2.35	2.37	2.39	2.42	2.47	2.54	2.64	2.77
	1	2.56	2.58	2.61	2.65	2.70	2.77	2.86	2.98

n_z	α	K							
		0.1	0.2	0.3	0.4	0.5	0.6	0.7	0.8
3	2	3.41	3.45	3.49	3.54	3.60	3.68	3.76	3.86
	3	4.08	4.13	4.19	4.25	4.32	4.40	4.48	4.58
	4	4.66	4.72	4.78	4.85	4.93	5.01	5.10	5.20
4	0.4	1.89	1.89	1.90	1.92	1.95	2.03	2.15	2.31
	0.6	2.16	2.17	2.18	2.20	2.24	2.31	2.41	2.51
	0.8	2.40	2.41	2.43	2.45	2.49	2.55	2.65	2.77
	1	2.62	2.63	2.65	2.68	2.72	2.78	2.87	2.98
	2	3.49	3.52	3.55	3.59	3.64	3.70	3.78	3.87
	3	4.18	4.21	4.26	4.30	4.36	4.43	4.50	4.59
	4	4.77	4.81	4.86	4.92	4.98	5.05	5.12	5.21
5	0.4	1.91	1.91	1.92	1.93	1.96	2.03	2.16	2.31
	0.6	2.19	2.19	2.20	2.22	2.25	2.31	2.41	2.55
	0.8	2.43	2.44	2.45	2.47	2.50	2.56	2.65	2.77
	1	2.65	2.66	2.68	2.70	2.73	2.79	2.87	2.98
	2	3.54	3.56	3.59	3.62	3.66	3.71	3.78	3.87
	3	4.24	4.27	4.30	4.34	4.39	4.45	4.51	4.59
	4	4.84	4.87	4.91	4.96	5.01	5.07	5.14	5.22

注：1 表中字母含义为：

n_z——立杆步数；

K——无剪刀撑框架式支撑结构的刚度比，按 $K = \dfrac{EI}{hk} + \dfrac{l_{max}}{6h}$ 计算；

E——弹性模量（N/mm^2）；

I——杆件的截面惯性矩（mm^4）；

α —— α_1、α_2 中的较大值；

α_1 —— 扫地杆高度 h_1 与步距 h 之比；

α_2 —— 悬臂长度 h_2 与步距 h 之比；

l_{max} —— 立杆纵向间距 l_a、横向间距 l_b 中的较大值（mm）；

h —— 水平杆步距（mm）；

k —— 节点转动刚度，按本规程 6.1.11 条确定。

2 当水平杆与立杆截面尺寸不同时，$K = \dfrac{EI}{hk} + \dfrac{l_{max}}{6h} \cdot \dfrac{I_1}{I_2}$

式中：I_1 —— 水平杆的截面惯性矩（mm^4）；

I_2 —— 立杆的截面惯性矩（mm^4）。

表 E.0.2　有剪刀撑支模架结构的计算长度系数 μ

n_X	α_X	K						
		0.4	0.6	0.8	1.0	1.2	1.4	1.6
3	0.4	1.40	1.46	1.49	1.51	1.52	1.53	1.54
	0.6	1.55	1.63	1.68	1.71	1.72	1.74	1.75
	0.8	1.66	1.76	1.82	1.86	1.89	1.91	1.92
	1.0	1.75	1.86	1.94	1.99	2.02	2.04	2.06
	2.0	1.96	2.13	2.25	2.33	2.40	2.44	2.48
	3.0	2.07	2.26	2.41	2.51	2.59	2.66	2.71
	4.0	2.16	2.37	2.53	2.65	2.74	2.81	2.87
4	0.4	1.52	1.57	1.60	1.61	1.61	1.61	1.61
	0.6	1.70	1.76	1.80	1.82	1.82	1.83	1.83
	0.8	1.84	1.92	1.97	1.99	2.00	2.01	2.01
	1.0	1.95	2.04	2.10	2.13	2.15	2.16	2.17
	2.0	2.24	2.39	2.49	2.55	2.60	2.63	2.65

续表 E.0.2

n_X	α_X	K						
		0.4	0.6	0.8	1.0	1.2	1.4	1.6
4	3.0	2.39	2.58	2.71	2.79	2.85	2.90	2.93
	4.0	2.52	2.73	2.88	2.98	3.05	3.10	3.15
5	0.4	1.59	1.63	1.66	1.67	1.67	1.67	1.67
	0.6	1.78	1.84	1.87	1.88	1.88	1.88	1.88
	0.8	1.94	2.01	2.04	2.05	2.06	2.06	2.06
	1.0	2.07	2.14	2.19	2.20	2.21	2.22	2.22
	2.0	2.43	2.56	2.64	2.68	2.71	2.73	2.75
	3.0	2.63	2.80	2.90	2.97	3.01	3.05	3.07
	4.0	2.78	2.98	3.11	3.19	3.25	3.29	3.32
6	0.4	1.63	1.67	1.73	1.74	1.74	1.74	1.74
	0.6	1.84	1.88	1.90	1.91	1.91	1.91	1.91
	0.8	2.00	2.06	2.08	2.09	2.09	2.09	2.09
	1.0	2.14	2.20	2.23	2.24	2.25	2.25	2.25
	2.0	2.55	2.67	2.73	2.76	2.78	2.80	2.81
	3.0	2.79	2.95	3.03	3.09	3.12	3.15	3.16
	4.0	2.98	3.16	3.27	3.34	3.38	3.41	3.44

注: 1 X 向定义如下:

（a）当纵向、横向立杆间距相同时，X 向为单元框架立杆跨数大的方向。

（b）当纵向、横向立杆间距不同时，X 向应分别取纵向、横向进行计算，μ 取计算结果较大值。

2 表中字母含义为:

n_X——单元框架的 X 向跨数;

K——有剪刀撑框架式支撑结构的刚度比,按 $K = \dfrac{EI}{hk} + \dfrac{l_y}{6k}$ 计算;

E——弹性模量(N/mm^2);

I——杆件的截面惯性矩(mm^4);

α_X——单元框架 x 向跨距与步距 h 之比,按 $\alpha_X = \dfrac{l_x}{h}$ 计算;

l_x——立杆的 x 向间距(mm);

l_y——立杆的 y 向间距(mm);

h——立杆步距(mm);

k——节点转动刚度,按本规程 6.1.12 条确定。

3　当水平杆与立杆截面尺寸不同时,

$$K = \frac{EI}{hk} + \frac{l_y}{6h} \cdot \frac{I_1}{I_2}, \quad \alpha_X = \frac{l_x}{h} \cdot \frac{I_2}{I_1}$$

式中:I_1——水平杆的截面惯性矩(mm^4);

I_2——立杆的截面惯性矩(mm^4)。

表 E.0.3　有剪刀撑支模架扫地杆高度与悬臂长度修正系数 β_α

α	n_x			
	3	4	5	6
$\leqslant 0.2$	1.000	1.000	1.000	1.000
0.4	1.036	1.030	1.028	1.026
0.6	1.144	1.111	1.101	1.096

注:表中字母含义为:

α —— α_1、α_2 中的较大值;

α_1——扫地杆高度 h_1 与步距 h 之比;

α_2——悬臂长度 h_2 与步距 h 之比;

n_X——单元框架的 X 向跨数。

本规程用词说明

1   为便于在执行本规程条文时区别对待，对于要求严格程度不同的用词说明如下：

1）表示很严格，非这样做不可的：

正面词采用"必须"；反面词采用"严禁"。

2）表示严格，在正常情况下均应这样做的：

正面词采用"应"；反面词采用"不应"或"不得"。

3）表示允许稍有选择，在条件许可时首先应这样做的：

正面词采用"宜"；反面词采用"不宜"。

4）表示有选择，在一定条件下可以这样做的，采用"可"。

2   条文中指明必须按其他标准、规范执行的写法为"应按……执行"或"应符合……的规定"。

引用标准名录

1 《建筑地基基础设计规范》GB 50007

2 《建筑结构荷载规范》GB 50009

3 《混凝土结构设计规范》GB 50010

4 《钢结构设计规范》GB 50017

5 《冷弯薄壁型钢结构技术规范》GB 50018

6 《建筑结构可靠度设计统一标准》GB 50068

7 《混凝土结构工程施工规范》GB 50666

8 《碳素结构钢》GB/T 700

9 《低压流体输送用焊接钢管》GB/T 3091

10 《气体保护电弧焊用碳钢、低合金钢焊丝》GB/T 8110

11 《结构用无缝钢管》GB/T 8162

12 《一般工程用铸造碳钢件》GB/T 11352

13 《直缝电焊钢管》GB/T 13793

14 《焊接钢管尺寸及单位长度重量》GB/T 21835

15 《建筑施工高处作业安全技术规范》JGJ 80

16 《建筑施工扣件式钢管脚手架安全技术规范》JGJ 130

17 《建筑施工模板安全技术规范》JGJ 162

18 《建筑施工碗扣式钢管脚手架安全技术规范》JGJ 166

19 《建筑施工承插型盘扣式钢管支架安全技术规范》

　　JGJ 231

20 《建筑施工临时支撑结构技术规范》JGJ 300

四川省工程建设地方标准

四川省建筑施工承插型钢管支模架安全技术规程

Technical Procedures for Safety of Socket
Steel Pipe Formwork in Construction in Sichuan Province

DBJ51/T046 – 2015

条 文 说 明

制定说明

《四川省建筑施工承插型钢管支模架安全技术规程》DBJ51/T046－2015，经四川省住房和城乡建设厅 2015 年 12 月 1 日以第〔2015〕566 号公告批准发布。

本规程制定过程中，编制组进行了广泛的调查研究，总结了我国工程建设的实践经验，同时参考了国内外先进技术法规、技术标准，通过试验，取得了多方面的重要技术参数。

为便于广大设计、施工、科研、学校等单位有关人员在使用本规程时能正确理解和执行条文规定，《四川省建筑施工承插型钢管支模架安全技术规程》编制组按章、节、条顺序编制了本规程的条文说明，对条文规定的目的、依据以及执行中需注意的有关事项进行了说明。但是，本条文说明不具备与规程正文同等的法律效力，仅供使用者作为理解和把握规程规定的参考。

目　次

1 总 则

1.0.1 本条是承插型钢管支模架工程设计、施工、使用及管理中必须遵循的基本原则。

1.0.2 本条明确本规程适用范围限于房屋建筑工程的支模架，且支模架搭设高度小于 8 m。对于市政工程也可以参考本规程的有关规定执行。

1.0.3 各种类型的模板支撑体系均为承受荷载的临时结构，保证承载力满足要求是结构设计中最重要的一环，本条规定旨在确保承插型钢管支模系统做到经济合理、安全可靠，最大限度地防止伤亡事故的发生。应当注意，施工单位、监理单位在审核专项施工方案时，应重点审核设计计算的相关内容。

2 术语和符号

2.1 术 语

本规程给出的术语是为了在条文的叙述中使承插型钢管支模架体系有关的俗称和不统一的称呼在本规程及今后的使用中形成统一的概念，并与其他类型的脚手架有关称呼相一致，利用已知的概念特征赋予其含义，所给出的英文译名是参考国外资料和专业词典拟定的。

3 构配件

3.1 构配件的构造形式

3.1.1 本条说明了承插型钢管支模架立杆、水平杆连接节点的组成构件。根据产品不同，其配件可能有所不同。目前四川省内市场上常见的节点结构形式有以下两种，分别如图1和图2。

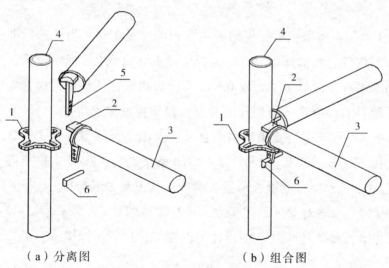

（a）分离图　　　　　　（b）组合图

图1　承插节点构造详图（一）

1—承插座；2—承插头；3—水平杆；4—立杆；

5—插销孔；6—锁止插销

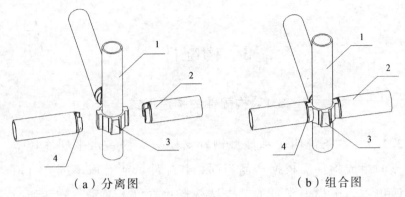

（a）分离图　　　　　　　　　（b）组合图

图 2　承插节点构造详图（二）

1—立杆；2—水平杆；3—承插座；4—承插头

3.1.2 承插型钢管支模架的主要构配件是工厂化生产的标准系列构件，承插座沿立杆竖向每隔 0.3 m 或 0.5 m 间距设置，则水平杆步距以 0.3 m 或 0.5 m 为模数构成，使承插型钢管支模架具有标准化、通用性的特点，便于控制施工质量。

3.1.6 本条中所使用数据来自《建筑施工承插型盘扣式钢管支架安全技术规程》JGJ 231 - 2010 条文说明 3.1.2。支模架搭设完成后，应目测检查承插头的插入状况和击紧程度。

3.1.7 本条对立杆的连接方式进行了说明。

3.1.8 本条对可调 U 型顶托的设置部位进行了说明。

3.2　主要构配件的材质要求和制作质量要求

3.2.3 钢板热冲压制作的承插座可采用图 3 所示结构形式，铸钢制作的承插座可采用图 4 所示结构形式。

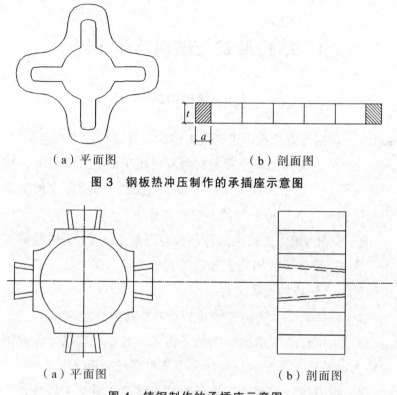

（a）平面图　　　　　　　　　　（b）剖面图

图 3　钢板热冲压制作的承插座示意图

（a）平面图　　　　　　　　　　（b）剖面图

图 4　铸钢制作的承插座示意图

3.2.8 本节主要对承插型钢管支模架构配件的构造要求、材料质量要求进行了说明。

3.3　其他要求

本节主要对承插型钢管支模架构配件的制作质量要求、外观要求和材料验收要求进行简单扼要的说明。

4 结构形式与结构总体布置

4.1 结构形式

4.1.1 根据行业标准《建筑施工临时支撑结构技术规范》JGJ 300 的划分，支模架不设置竖向斜杆时属于框架式支模架，按照单元桁架构造要求设置斜杆时属于桁架式支模架。支模架常用的结构形式和组成部件的常见构成如下：

1 立杆基础：支模架立杆垫板与混凝土地基（或楼面板）、条石地基、原状土或回填土地基等其他能够承受立杆底部压力的构件组合形成的支撑结构。

2 立杆：带承插座和接长套管的普通钢管。

3 水平杆：带承插头的普通钢管，必要时辅以扣件式钢管作为水平杆，可分为扫地杆、中部水平杆和顶层水平杆。

4 剪刀撑：用普通钢管及扣件组成的成对交叉斜杆，分为水平剪刀撑和竖向剪刀撑，与支模架在水平面和竖向平面内组成几何不变体系，并提高架体的整体稳定性和抗侧刚度。

5 承插型节点：由水平杆端承插头插入立杆承插座形成的节点，本类型节点具有一定的抗弯刚度和抗扭刚度，立杆和水平杆的连接属于半刚性连接。

6 可调 U 形顶托：由丝杆、可调螺帽和顶托板组成，可用于调节支模架立杆高度，常设置于立杆顶部。

7 斜杆：斜杆应按照单元桁架构造要求设置，与支模架进行可靠连接。

4.1.2 在施工过程中，脚手架、防护设施、施工机械等临时结构很容易因自身所受荷载或外力作用产生变形或移动，如将支模架的架体与之进行连接，架体也会随之产生变形或移动，致使架体构件受力状态发生变化，存在安全隐患，甚至会导致生存安全事故的发生，因此支模架架体只能与既有建筑结构进行拉结。

4.2 架体结构布置

4.2.1 进行架体结构布置时，应根据拟浇筑结构物的特点，结合承插型支模架构件的尺寸规格，严格按照设计参数搭设。支模架作为一种承受荷载的临时结构应保证传力明确，作用于支模架上的施工荷载和永久荷载必须由次要构件到主要构件层层分配，层次明确地由立杆传递至支模架基础，同时，应尽量使支模架的结构简单，便于计算分析。

4.2.2 本条强调任何条件下不能改变支模架立杆在竖向荷载作用下的轴心受力状态。因为本规程的立杆稳定性计算中，竖向荷载下是把立杆当成轴心受压杆件的，未考虑外加弯矩和偶然偏心的影响。当支模架受到水平荷载作用时，立杆还会受到偏心荷载作用，应将轴心受压和偏心受压共同考虑，作为校核立杆承载能力的依据。

4.2.3 本条规定是为了解决承插型支模架不能满足需要时的模板支撑问题。在实际工程中，由于承插型支模架自身的构造特点，在建筑物结构异型、结构尺寸与水平杆模数不匹配时，承插型支模架就不能满足模板支撑的要求，因此必须与扣件式支模架配合才能构成满堂支模架体系；承插型钢管支模架立杆的外径与扣件式钢管支模架立杆的外径相同，能够用扣件进行连接；根据《建筑施工临时支撑结构技术规范》JGJ 300 的相关规定，扣件式钢管支模架与承插型钢管支模架都属于半刚性节点连接，并且用扣件进行连接的节点转动刚度远大于用承插型节点进行连接的节点转动刚度，因此使用扣件式钢管支模架对承插型钢管支模架进行补充是完全可行的。搭设扣件式钢管支模架按《建筑施工扣件式钢管脚手架安全技术规范》JGJ 130 的相关规定执行。

4.2.4 同层的支模架连通形成满堂架后将提高架体的整体稳定性，保证施工安全。

4.2.5 在后浇带未浇筑之前，后浇带两边均为悬臂的梁或板，且梁或板未形成最终受力结构，要靠支模架进行支撑，中途不能拆除，这就要求后浇带底部的支模架作为最后拆除的模板支撑，不能在后浇带位置的混凝土未达到拆模强度就拆除模板及支模架。

5 荷　载

5.1　荷载分类

5.1.3　为了适应现行国家规范设计方法的需要，以《建筑结构荷载规范》GB 50009 为依据，本条将作用在承插型钢管支模架上的荷载划分为永久荷载（恒荷载）和可变荷载（活荷载），分别列出了支模架计算应当考虑的主要荷载项目。

5.2　荷载标准值

5.2.1　永久荷载标准值 G_k 的取值应符合下列规定：

1　对于模板自重标准值，为便于计算本规程将常用的模板规定为普通模板，供计算选用。梁、板模板自重按照面板为 18 mm 胶合模板、次楞梁为 50 mm × 100 mm@150 木枋、主楞梁为 ϕ 48.3 mm × 3.6 mm@600 mm 双钢管进行测算。

胶合板自重：$0.018 \text{ m} \times 6.65 \text{ kN/m}^3 = 0.12 \text{ kN/m}^2$

次楞梁自重：$\dfrac{0.05 \text{ m} \times 0.1 \text{ m} \times 1 \text{ m}}{0.15 \text{ m} \times 1 \text{ m}^2} \times 6.5 \text{ kN/m}^2 = 0.21 \text{ kN/m}^2$

主楞梁自重：$\dfrac{2 \times 0.0388 \text{ kN/m} \times 1 \text{ m}}{0.6 \text{ m} \times 1 \text{ m}} = 0.13 \text{ kN/m}^2$

合计：$0.12 + 0.21 + 0.13 = 0.46 \text{ kN/m}^2$

对于普通模板计算面板和次楞梁时，模板自重标准值取 0.10 kN/m^2；计算主楞梁时，模板自重标准值取 0.30 kN/m^2；

计算支模架时，模板自重标准值取 0.45 kN/m²。对于梁模板应按展开面积计算。对于非普通模板，应按实际情况进行计算。

2 为便于计算，本规程将支模架自重水平杆、立杆按标准规格进行测算，供计算选用。对于非标准规格，应按照设计图纸进行计算。

3 参考了《建筑施工模板安全技术规范》JGJ 162–2008 的相关规定。

5.2.2 可变荷载标准值 Q_k 的取值应符合下列规定：

1 按《混凝土结构工程施工规范》GB 50666 的 A.0.5 的规定执行，且计算模板、小楞、支撑小楞构件及支架立杆均采用相同的荷载取值。大型设备，如上料平台、混凝土输送泵等可变荷载应按实际情况计算；采用布料机上料进行浇筑混凝土时，该项荷载标准值取 4.0 kN/m²。

2 按《混凝土结构工程施工规范》GB 50666 的规定执行。

3 本条按照《建筑结构荷载规范》GB 50009–2012 第 8.1.1 条和《建筑施工承插型盘扣式钢管支架安全技术规范》JGJ 231–2010 第 4.2.2、4.2.3 条执行。风荷载的标准值按照《建筑结构荷载规范》GB 50009 的有关规定确定，由于支模架为临时结构，采用基本风压取重现期 $n = 10$ 年，这样与支架结构的应用更接近。对于支模架，风振影响很小，风振系数取 $\beta_z = 1.0$。支模架需根据架体所在地面的粗糙程度和计算高度取用不同的高度变化系数，本规程规定架体部分和上部模板部分应作为两个独立的迎风面分别计算风荷载作用值，两个迎风面的高度变化系数需根据所处的高度分别取值。

5.2.3 对风载体型系数 μ_s 的取值依据如下：

1 满堂式支撑架的风荷载体形系数分为有悬挂密目式安全网和无遮拦两种情况考虑，当有悬挂密目式安全网时，密目安全网的挡风系数按照采用 2000 目网计算，按《编制建筑施工脚手架安全技术标准的统一规定》（建标〔1993〕062 号）的规定，挡风系数为 0.5，考虑到杆件挡风面积以及积灰的影响建议取为 0.8。当采用超出 2000 目的安全网时，挡风系数应专门研究该系数的取值。

2 对于当无遮拦的满堂式支撑架，本规程规定将架体视为空间多排平行桁架结构，按照现行国家标准《建筑结构荷载规范》GB 50009 表 8.3.1 第 33 项的规定取值。

5.3 荷载设计值

5.3.1~5.3.2 对于结构物的设计而言，当整个结构或结构的一部分超过某一特定状态，而不能满足设计规定的某一功能要求时，则称此特定的状态为结构对该功能的极限状态。根据设计中要求考虑的结构功能，结构的极限状态在总体上分为两大类，即承载能力极限状态和正常使用极限状态。对支模架而言，承载能力极限状态一般以各组件的内力超过其承载能力或者架体出现倾覆和滑移为依据；正常使用极限状态一般以架体结构或构件的变形（侧移、挠曲）超过设计允许的极限值或者架体结构杆件的长细比超过设计允许的极限值为依据。

5.3.3 本条按《建筑施工模板安全技术规范》JGJ 162-2008 第 4.2.3 条执行。荷载分项系数均遵照国标《建筑结构荷载规范》GB 50009 规定采用。当计算结构物倾覆稳定时，永久荷载的分项系数取 0.9，对保证结构稳定性有利。

5.3.4 本条按《建筑施工模板安全技术规范》JGJ 162 – 2008 第 4.2.4 条执行。

5.4 荷载效应组合

5.4.1 ~ 5.4.3 荷载标准组合效应设计值及相关的系数主要按照《建筑施工模板安全技术规范》JGJ 162 – 2008 第 4.3.1 ~ 4.3.2 条执行。对于可变荷载组合值系数 ψ_{Qi}，依据《建筑施工临时支撑结构技术规范》JGJ 300 – 2013 第 4.4.5 条的规定确定。

6   结构设计

6.1   一般规定

6.1.3   根据现行国家标准《建筑结构荷载规范》GB 50009 的指导思想，支模架结构的承载力计算均采用基于概率论的承载力极限状态设计法，采用分项系数设计表达式进行计算；对于正常使用极限状态，则不上升到概率统计的层次，依然将荷载效应的分项系数均取为 1.0。关于满堂钢管支模架的结构计算模型有以现行行业标准《建筑施工扣件式钢管脚手架安全技术规范》JGJ 130 中提出的基于单立杆局部失稳的计算长度简化计算模型和《建筑施工临时支撑结构技术规范》JGJ 300 中基于单元框架计算单元的整体与局部失稳计算相结合的计算模型，由于 JGJ 300 中包含了承插型支模架的结构计算模型，本规程采用 JGJ 300 的结构计算理论。

6.1.5   本条规定主要强调支模架立杆基础的重要性，施工中应采取有效措施保证基础有足够的承载能力。

6.1.6   现行的多本规范中，对支模架立杆的长细比规定各不相同，《建筑施工碗扣式钢管脚手架安全技术规范》JGJ 166 规定碗扣式钢管模板支撑架受压杆件长细比不应大于 230，现行行业标准《建筑施工扣件式钢管脚手架安全技术规范》JGJ 130

规定扣件式钢管模板支撑架受压杆件长细比不应大于 210，而现行行业标准《建筑施工模板安全技术规范》JGJ 162 规定支撑架立柱的受压杆件长细比不应大于 150，常用的搭设参数下承插型钢管支模架立杆按照本规程公式计算的长细比基本不能满足计算长细比不应大于 150 的规定。本规程采用半刚性节点连接的框架计算模型以及受压立杆的长度计算方式与现行行业标准《建筑施工临时支撑结构技术规范》JGJ 300 - 2013 的有关规定完全一致，因此本规程规定受压立杆长细比不应大于 180，是能够满足安全性要求的。

6.1.7 根据《混凝土结构工程施工规范》GB 50666 - 2011 第 4.3.16 条规定，支模架一般要求立杆顶部插入可调托撑传递竖向荷载，使得立杆处于轴心受压形式。对于支模架受到的水平荷载，应将立杆当作受弯杆件进行计算，并且应将两种形式的计算结果进行组合，校核立杆承载能力。

6.1.8 当支模架四周搭设脚手架且脚手架满挂密目式安全网时，脚手架上密目式安全网的挡风系数不小于 0.8，作用在支模架上的风荷载很小，可以不考虑风荷载对支模架的影响。除此之外，应考虑风荷载对支模架的影响。

6.1.9 支撑架的设计中，除了应验算立杆的稳定性外，尚应确保相关配件、节点的强度，强度验算所涉及的配件主要有立杆与承插座焊接抗滑强度、水平杆端插头焊接抗剪强度、可调 U 型顶托的轴心抗压强度。

6.1.11 本规程在计算架体稳定性时,分为框架式和桁架式两种。当支模架不设置斜杆时,采用空间框架的计算理论,并考虑节点的转动刚度,架体结构节点转动刚度直接决定架体的整体稳定性。本规程在试验的基础上参照了《建筑施工临时支撑结构技术规范》JGJ 300 的相关规定,并为了保证支模架的安全性能,从而规定了节点转动刚度 k 应经试验确定,且不小于 20 kN·m/rad。

6.2 模板及主、次楞梁设计计算

6.2.1 本条规定了模板与支撑模板的主、次楞梁需要进行的校核验算类别以及应按照何种计算模型进行校核验算。

6.2.2 本条规定了模板与主、次楞梁的抗弯强度校核验算应依据《建筑施工模板安全技术规范》JGJ 162 – 2008 第 5.2 节的相关规定,并给出了相关公式。

6.2.5 本条依据《建筑施工模板安全技术规范》JGJ 162 – 2008 第 4.4.1 条的规定对模板及其支架的最大允许挠度进行了规定。

6.3 架体强度及稳定性验算

6.3.1~6.3.2 此两条规定了框架式和桁架式支模架需要进行稳定性验算的内容,主要依据《建筑施工临时支撑结构技术规范》JGJ 300 – 2013 第 4 章的相关规定。其中梅花形桁架单元布置如图 5 所示：

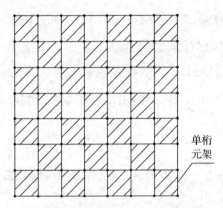

单桁
元架

图 5　梅花形桁架单元布置示意图

6.3.3　本条规定了立杆轴力设计值计算时的荷载效应组合，当组合风荷载时，应考虑风荷载引起的立杆轴力。

6.3.4　本条规定了因风荷载作用引起的支模架立杆轴力的计算方法和公式，公式依据《建筑施工临时支撑结构技术规范》JGJ 300 – 2013 第 4.4.6 条的规定而来，不包括被支撑结构承受的风荷载（主要指混凝土结构的侧模板承受的风荷载）对支撑结构的影响。

6.3.5　本条规定了立杆弯矩设计值计算时的荷载效应组合，组合风荷载时应考虑风荷载引起的弯矩，给出的风荷载产生的弯矩设计值是将立杆视作竖向连续构件推导出的，表达式借鉴了《建筑施工临时支撑结构技术规范》JGJ 300 – 2013 第 4.4.7 条中的立杆风荷载作用下的弯矩计算公式。

6.3.6　本条规定了不考虑风荷载作用引起的立杆轴力和弯矩

的情况，当支模架与既有结构连接后，风荷载会传递到与支模架连接的既有结构上，对支模架的立杆就不会产生轴力和弯矩。另外，如果支模架外部另外还设置有密目式安全网的设施时，风荷载基本上被外部设施阻挡，作用到支模架上的风荷载就会很小，就没必要再进行验算。

6.3.7～6.3.9 此三条规定了对支模架立杆进行稳定性验算时的立杆计算长度如何选取。选取正确的立杆计算长度是保证各类模板支撑架稳定性的关键，但目前现行的行业标准《建筑施工扣件式钢管脚手架安全技术规范》JGJ 130、《建筑施工碗扣式钢管脚手架安全技术规范》JGJ 166、《建筑施工承插型盘扣式钢管支架安全技术规程》JGJ 231、《建筑施工临时支撑结构技术规范》JGJ 300对立杆计算长度的计算和取值各不相同，差别较大。因为《建筑施工临时支撑结构技术规范》JGJ 300中包含了承插型支模架的结构类型，其立杆长度的计算能满足承插型支模架结构的安全使用，通过一些实验，我们认为按照《建筑施工临时支撑结构技术规范》JGJ 300的规定进行立杆计算长度的取值是能够保证支模架使用安全的。因此本规程也按照《建筑施工临时支撑结构技术规范》JGJ 300的计算方法和公式进行立杆计算长度的选取。

6.3.10 本条规定了支模架立杆加密和未加密两种情况下，有剪刀撑支模架在计算稳定承载力时，立杆稳定系数的取值。当加密区立杆间距加密 1 倍（但步距不加密）时，加密区立杆稳定性系数约为未加密时的 0.8 倍，当加密区立杆间距加密1 倍、步距也加密 1 倍时，加密区立杆稳定性系数约为未加密时的 1.2 倍。

6.4 抗倾覆验算

6.4.1 ~ 6.4.2 此两条规定了支模架抗倾覆验算的条件和计算方法,依据《建筑施工临时支撑结构技术规范》JGJ 300 – 2013第 4.5 节的规定。

6.5 基础承载力验算

6.5.1 本条规定了基础承载力的验算方法和公式。支模架立杆支撑在地基基础上时,为了确保地基能承受立杆传递的荷载,保证施工安全,应对地基承载力进行验算。地基基础承载力特征值是决定地基承载力的主要依据,应按照现行国家标准《建筑地基基础设计规范》GB 50007 的规定采用。由于在工程施工中,施工作业会对地基土造成影响,从而降低其承载能力,在验算时就需要对其特征值进行修正。按照现行行业规范《建筑施工模板安全技术规范》JGJ 162 第 5.2.6 条的规定,给出了承载力修正系数。

6.5.2 该条规定了对支模架的承载构件的承载力进行验算的要求。

6.5.3 该条规定了立杆基础底面积的取值要求和计算公式,因为与基础接触的不是立杆的端部截面,而是垫板,计算基础底面积就应该取垫板的面积。

7 构造要求

7.1 一般规定

7.1.1 本条规定了支模架立杆基础需要满足的要求，其目的是保证立杆基础不发生变形，承载力能够满足要求，且基础不被破坏。

7.1.2 本条规定了支模架的防雷要求，因为支模架构件往往会处于建筑物的顶部，所以应进行防雷接地。

7.2 架体构件设置要求

7.2.1 本条规定了立杆接长时水平杆的设置要求。高度大于 5 m 的支模架施工属于危险性较大的分部分项工程，由于立杆接长时套管与立杆之间存在间隙，会造成立杆偏心受力，立杆稳定性就会被削弱。为了增加其稳定性，在立杆接长节点附近设置水平杆就能有效减小该部分立杆的计算长度，使其稳定性得到加强。

7.2.2 本条规定了立杆布置的基本要求。

3 立杆间距最大 1.2 m 是根据大量计算总结出的规定，当立杆间距大于 1.2 m 时，立杆受力验收往往不能满足要求。

7.2.3 本条规定了支模架水平杆的设置要求。

1 设置顶层水平杆是为了保证立杆外伸长度满足要求，减小立杆计算长度，增加架体稳定性；由于梁高度的原因，梁底水平杆往往与板底的水平杆不在同一高度，为了保证支模架的整体性，就必须将梁底水平杆向板底支模架延伸至少 1 跨。

2 扫地杆不超过 300 mm 的规定一是保证架体稳定，二是方便工人施工，不造成跨越障碍，并参考了《建筑施工承插型盘扣式钢管支架安全技术规范》JGJ 231、《建筑施工碗扣式钢管脚手架安全技术规范》JGJ 166、《建筑施工临时支撑结构技术规范》JGJ 300 及《建筑施工扣件式钢管脚手架安全技术规范》JGJ 130 的规定。

4 采用水平杆直接承受荷载，立杆就会受到偏心荷载，从而降低立杆承载能力，容易造成立杆失稳，不能满足施工需要。

7.2.4 本条规定了可调 U 形顶托的设置方式，这是为了保证立杆和可调顶托伸出端的稳定性，防止悬臂端形成薄弱环节导致架体失稳。其具体的长度限制主要参照了《建筑施工扣件式钢管脚手架安全技术规范》JGJ 130 的规定，且与支模架扫地杆的高度匹配，满足通用性要求。

7.2.5 本条规定了支模架与既有结构连接的要求。将支模架与既有结构连接是为了将支模架受到的水平荷载传递至既有结构，增加其稳定性。

7.2.6 本条规定了立杆基础不在同一高度时支模架构造要求。

1 对于高低地基层上的立杆，为了能够拉通高低处的扫地杆，应在低处立杆底面设置垫板，以便于调整各立杆最底部插槽座在同一水平面。

2 立杆在坡面上时，光靠立杆与地基间的摩擦力不能保证立杆不产生滑动，因此要对立杆底部采取其他的固定措施。

7.2.7 本条规定了对高宽比较大的支模架进行补强的措施。当架体高宽比大于 3 且与四周无可靠连接时，抗倾覆验收往往不能通过，就需要对架体进行补强，主要有增加下部架体尺寸和设置连接两种方式，可根据工程实际情况选用。

7.3 剪刀撑、斜杆设置要求

7.3.1 承插型钢管支模架在斜方向没有设置用于整体连接的通长斜撑，要增加架体的整体稳定性就必须设置剪刀撑。在工程中使用最多的就是采用扣件式钢管搭设的剪刀撑，只要钢管的外径相同，就能满足设置要求。在支模架的竖向和水平方向均应设置剪刀撑，才能有效增加支撑结构的刚度和承载能力，保证架体的稳定性。在竖向剪刀撑顶部交点平面设置一道水平剪刀撑，可使架体结构稳固。对架体水平、竖向剪刀撑规定必须在设置平面内连续满布，这是来源于扣件式钢管满堂支撑体系稳定性的有限元分析及实验研究的结论（陆征然，陈志华等在《土木工程学报》2012 年第 1 期的论文《扣件式钢管满堂支撑体系稳定性的有限元分析及实验研究》）。

7.3.2 本条规定了设置水平剪刀撑的具体要求，主要从设置位置、设置间距、与支模架的连接上做出了规定，参考了《建筑施工临时支撑结构技术规范》JGJ 300 和《建筑施工扣件式钢管脚手架安全技术规范》JGJ 130 的规定。

　　1 水平剪刀撑能为立杆提供有效的刚性支撑，当高度大于 5 m 时，架体稳定性减低，在顶层设置水平剪刀撑能够较大程度提高架体结构的稳定承载能力，且高度超过 5 m 的支模架工程属于危险性较大的分部分项工程，更应该保证施工安全。

2 本规程在结构设计验算时，选用有剪刀撑支模架的立杆计算长度系数的前提条件是水平剪刀撑的间距不大于6步。

3 剪刀撑的斜杆一般较长，如不固定在与之相交的立杆或水平杆上将起不到增加架体刚度和稳定性的作用，并且离主节点距离越远作用越小，因此，对固定点离主节点的距离做了要求。

7.3.3 本条规定了设置竖向剪刀撑的具有要求，主要从设置位置、设置间距、与支模架的连接上做出了规定，参考了《建筑施工临时支撑结构技术规范》JGJ 300 和《建筑施工扣件式钢管脚手架安全技术规范》JGJ 130 的规定。

1 竖向剪刀撑可以提高立杆承载力，能将支模架连接成整体，在支模架周围设置连续的竖向剪刀撑能更好地提高架体稳定性，特别是对高度较高的支模架尤为重要。

2 对竖向剪刀撑作用大小的分析表明：若剪刀撑连接立杆太少，则竖向支撑刚度较差，故对剪刀撑的跨数作了规定。

3 剪刀撑底部与地面顶紧是增加剪刀撑端部约束的方法。

7.3.4 本条对剪刀撑杆件的搭接长度、搭接扣件数量、扣件与杆件端部距离和扣件拧紧力矩做了规定，参照了《建筑施工模板安全技术规范》JG 162 及《建筑施工临时支撑结构技术规范》JGJ 300 的相关规定。

7.3.5 本条参照了《建筑施工临时支撑结构技术规范》JGJ 300 的相关规定，因本规程的架体高度限制在 8 m 以下，架体高度在 5 m 以内的支模架只需在顶层和扫地杆层设置水平斜杆，超过 5 m 属危险性较大的分部分项工程，故规定在中间增设一层水平斜杆，用以保证架体的稳定性。

7.4 特殊构造设置要求

7.4.1 当模板体系的荷载较大时，承受该处模板荷载的支模架立杆应该进行加密，且应伸至非加密区内至少两跨，通过这样设置能够把荷载进行均匀分布，避免因局部失稳发生支模架坍塌，并且在非加密区的立杆、水平杆的间距要是加密区的倍数才可能保证加密区杆件深入非加密区。因此为了施工方便，要先设置加密区杆件，再设置非加密区杆件。

7.4.2 本条规定了在支模架内设置通道的具体要求。为杜绝竖向力集中于内侧边立杆，并避免横梁支座荷载过大引起加密立杆钢管承载力不足，门洞加密立杆最少设置 4 排且间距不大于 300 mm，并规定转换横梁的荷载必须通过横向型钢分配梁将荷载均匀传递给各立杆。其中的转换横梁可根据门洞宽度采用型钢梁、桁架梁、贝雷梁等。

8 施工与验收

8.1 施工准备

8.1.2 本条规定是为了保证支模架搭设的质量和安全,搭设前应进行技术、安全交底。

8.1.5 承插型钢管支模架地基基础必须按专项施工方案进行施工,并应按地基基础承载力要求进行验收,地基基础应满足本规程第 6.5 条中地基基础承载力验算的要求。

8.3 检查与验收

8.3.2 模板支架的检查与验收主要依据本规程相关条款对质量的要求和《建筑施工扣件式钢管脚手架安全技术规范》 JGJ 130、《建筑施工承插型盘扣式钢管支架安全技术规范》 JGJ 231 的相关规范要求确定。

9 安全管理与维护

9.0.1 本条旨在防止支撑结构因承受超过设计的荷载而影响支撑结构安全。当模板支撑结构实际承受荷载超过设计规定时，会造成安全隐患，甚至会导致支撑结构垮塌事故的发生。

9.0.3 本条规定了在使用期间不允许随意拆除架体结构杆件，避免架体因随意拆除杆件导致承载力不足；如施工方便需要临时拆除的，应履行批准手续，并实施相应的安全措施。本条还规定了模板支撑系统在混凝土浇筑期间应做好相应的监测工作，并做好紧急情况下的应急处理。

9.0.4 本条规定为防止挖掘作业过程中或挖掘以后模板支架发生基础沉陷而坍塌。

9.0.5 本条是为了保证支模架搭设的质量和搭设过程中的施工安全，明确支模架搭设操作人员必须经过技术培训后，具有一定的专业技能后方可上岗。